Gerhard Friedrich
Viola de Galgóczy

Komm mit ins Zahlenland

Eine spielerische Entdeckungsreise
in die Welt der Mathematik

CHRISTOPHORUS

Inhalt

und letztendlich mit Emotionslosigkeit verknüpft. Woran liegt das? Vielleicht am Fach Mathematik, an unserem Mathematiklehrer oder einfach nur an den Zahlen?

Stellen wir uns doch einmal einen Professor der Mathematik vor. Sicherlich erscheint vor unserem inneren Auge ein vom vielen Grübeln ergrauter, humorloser, ständig nur mit sich selbst oder mit seinen Formeln beschäftigter Mann. Er hat eine wilde, struppige Frisur und weltliche Dinge interessieren ihn kaum. Bereits als Kind saß er still und voller Konzentration über einem Buch und löste Rechenaufgaben.

Mathematik lernende Kinder, die in fantasievolle Märchenwelten eintauchen und dabei auch noch herzhaft lachen und singen, sind für viele wohl ein kaum vorstellbares Bild. Mit unseren Zahlengeschichten, Zahlenspielen und unseren Zahlenliedern möchten wir Ihnen zeigen, dass lachen, singen, spielen und rechnen zusammengehören.

Wir, das sind eine Musikpädagogin, die sich für Zahlen begeistert, und ein Mathematiklehrer, der Hobbymusiker ist. Im vorliegenden Buch haben wir unsere Ideen vereint. Ohne mathematische Strukturen kommt keine Musik aus, und nur einer fantasievollen und lebendig vermittelten Mathematik kann es gelingen, in unseren Kindern Interesse an Zahlen zu erwecken.

Kinder schließen weit mehr als Erwachsene von sich auf ihre Umwelt. Sie tun dies, indem sie der gesamten Umgebung Fähigkeiten zuschreiben, die sie von sich selbst kennen. In einer kindlich betrachteten Umwelt können Zahlen wie selbstverständlich menschliche Eigenschaften annehmen.

Vorwort

♪ Geht es Ihnen auch so wie vielen Erwachsenen? Für nicht wenige unter uns weckt das Stichwort Mathematik keine schöne Erinnerung: Dumpfes Brüten über Zahlen und Formeln, abstrakten und unnützen Gebilden fällt uns dabei ein, im schlimmsten Fall versetzt uns unsere Erinnerung sogar in Angst und Schrecken. Oft wird Mathematik auch mit kühler Rationalität, strenger Logik

Was liegt näher als sich ein Land vorzustellen, in dem es Zahlenwege, Zahlenhäuser und Zahlengärten gibt? Ein Land, in dem ein Zahlenkobold sein Unwesen treibt und dessen freche Scherze eine gute Zahlenfee wieder ins Reine bringt?

Mit unserem Konzept „Komm mit ins Zahlenland" gehen wir einen völlig neuen Weg: Durch die Zahlengeschichten und die passenden Zahlenlieder lernt das Kind eine märchenhafte Welt der Mathematik kennen, in die es mit seiner ganzen Fantasie und Kreativität eintauchen und dabei Grundlegendes über seine Umgebung erfahren kann. Wie viele Kontinente gibt es und wie heißen sie? Wie lauten die vier Jahreszeiten, die vier Himmelsrichtungen und wie die vier Elemente? Wie heißen unsere Wochentage und wie viele gibt es? Wie heißen die drei Grundfarben? Dies sind nur einige wenige Fragen, die ganz nebenbei in unseren Geschichten und Liedern behandelt werden. In den Spielen erproben die Kinder dann das neu Gelernte und festigen ihr Wissen.

Mit diesem ganzheitlichen Ansatz gelingt es außerordentlich gut, Kindern im Vorschulalter die Welt der Zahlen näher zu bringen und ihnen die Grundlagen der Mathematik zu vermitteln. Gefördert werden außerdem die Konzentration und Ausdauer beim Vorlesen der Geschichten, die Gedächtnisleistung beim Nacherzählen, die Kreativität beim Weiterdichten, die Grundlagen des mathematischlogischen Denkens in den Spielen und die Musikalität der Kinder beim Singen der Lieder. Diese Schlüsselqualifikationen bereiten eine erfolgreiche Schullaufbahn in allen Unterrichtsfächern vor. Hinzu kommt, dass unsere Grundzahlen spielerisch in den Alltag integriert werden – und das alles macht erstaunlicherweise auch noch großen Spaß!

Vielleicht ist das emotional positiv gestaltete Kennenlernen der ersten zehn Zahlen ja sogar ein lebenslänglich wirksames Gegengift gegen die weit verbreitete Abneigung gegen Mathematik.

„Komm mit ins Zahlenland" ist weit mehr als eine Einführung. Mathematik, Musik und Sprache werden zu Werkzeugen, die unseren Kindern helfen, sich die Welt anzueignen. Damit möchten wir allen kleinen und großen Kindern zeigen, wie unglaublich spannend, lustig und interessant die Welt der Zahlen ist.

Mathematik im Kindergarten?

Der kleine Prinz – wer kennt dieses wunderbare Buch von Antoine de Saint-Exupéry nicht – begegnet auf seiner Reise wirklich sonderbaren Gestalten: einem König, der den kleinen Prinzen sofort zu seinem Untertanen erklärt, einem Eitlen, der davon ausgeht, dass der kleine Prinz ausschließlich zu seiner Bewunderung vorbeigekommen ist, und einem Geschäftsmann, der alle Sterne des Universums käuflich erwirbt.

Alle diese sonderbaren Menschen haben eines gemeinsam: Sie betrachten und beurteilen alles um sich herum ausschließlich in Bezug auf sich selbst. Sie selbst bilden den Mittelpunkt all ihres Handelns und Denkens. Bei uns Erwachsenen ist es angebracht, solch eine egozentrische Haltung zu belächeln. Kinder im Alter zwischen drei und sechs Jahren können sich jedoch kaum von ihrer eigenen Erlebenswelt distanzieren. Bei ihnen gehört diese geistige Haltung zur gesunden Entwicklung.

Kinder dieser Alterstufe betrachten die Dinge um sich herum auch wesentlich stärker emotional als rational. Daher kommt es, dass sie Gegenständen Gefühle, Leben und Absichten unterstellen. Die Dinge der kindlichen Umwelt sind entweder brav oder böse, freundlich oder unfreundlich, sie schauen für das Kind vertrauenerweckend oder beängstigend aus. Fällt ein Kind vom Stuhl, so ist der Stuhl eben deshalb „böse".

Kinder in diesem Alter sind außerdem vom magischen Denken geprägt. Dabei werden Vorgänge, die eine logische Ursache haben, als geheimnisvoll erlebt und so gedeutet, als könne

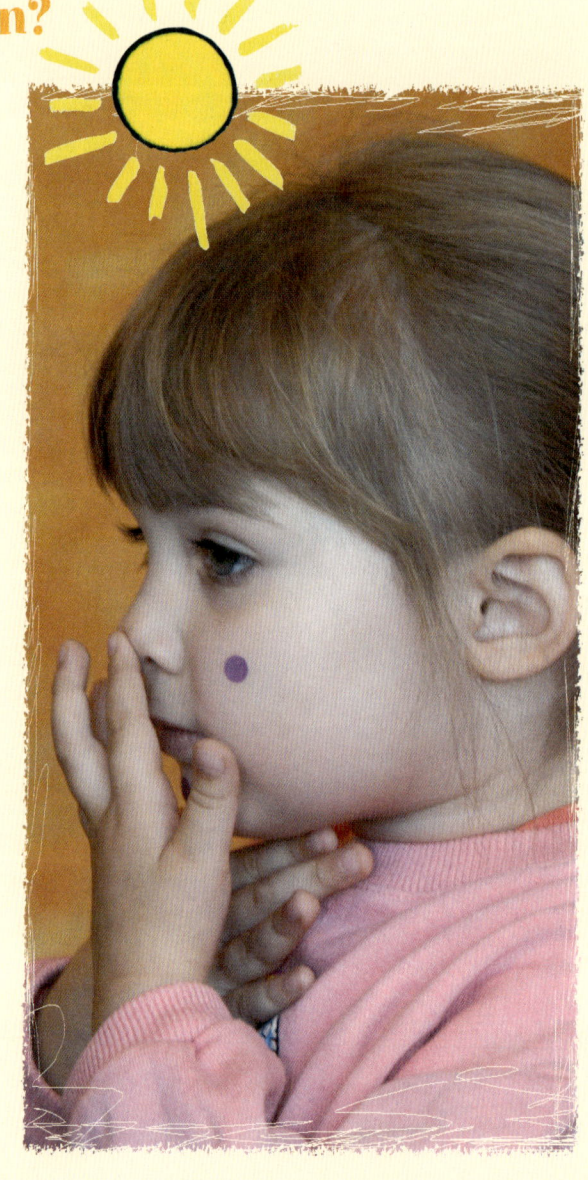

man sie durch Zauberei, durch Magie und – vor allem – durch eigene Wünsche beeinflussen.

Vor diesem Hintergrund kann es bei Mathematik im Kindergarten nicht darum gehen, Inhalte des Grundschulunterrichts vorwegzunehmen. Es geht vielmehr darum, Kindern einen altersgemäßen Zugang zur Welt der Zahlen anzubieten. Bisherige Konzepte der mathematischen Früherziehung entwickeln ihre Ideen meist ausgehend von der

Mathematik, erst danach wird nach konkreten Anwendungen in der Lebenswelt der Kinder gesucht. Es gilt, dieses Prinzip umzukehren, da die Mathematik eine eigene und sehr nüchterne Logik hat, welche das emotionale, magische und märchenhafte Denken unserer Kinder nicht berücksichtigt. Unser Konzept beruht auf einer recht einfachen Grundidee, nämlich auf der ganz konkreten Darstellung des mathematischen Begriffs „Zahlenraum". Dieser Begriff verweist auf den engen Zusammenhang der Zahlen zur Geometrie. Für die zehn wichtigsten Zahlen, unsere so genannten Grundzahlen, wurde nach ausgeklügelten Überlegungen ein „Raum" geschaffen, in welchem sie zu Hause sind: das geheimnisvolle Zahlenland.

Dort erobern die Kinder spielerisch die Grundlagen der Mathematik. In diese märchenhafte Zahlenwelt können sie mit ihrer ganzen Fantasie eintauchen. Dennoch finden sich alle mathematisch wichtigen Aspekte der Zahlen im Zahlenland wieder, z.B. der Anzahlaspekt, der Ordnungsaspekt, die Ziffernbilder und geometrische Grundformen.

Der Anzahlaspekt einer Zahl beschreibt eine Zahl als Menge verschiedener Objekte, zum Beispiel 3 Birnen, 2 Hunde usw. Diesem Anzahlaspekt wird bei den Entdeckungen im Zahlenland in vielerlei Hinsicht Rechnung getragen. So gehören zur Einrichtung des Gartens der Zahl Drei genau drei Bäume und das Zahlenhaus der Drei besitzt genau drei Fenster auf jeder Seite.

Ein weiterer wichtiger Zahlaspekt ist der so genannte Ordnungsaspekt. Dieser bedeutet etwas ganz anderes. Hat ein Haus die Hausnummer 4, so stehen dort natürlich keine 4 Häuser, sondern die Hausnummer 4 bezeichnet einen Platz, der nach der Nummer 3 und vor der Nummer 5 kommt. Es geht also um die Reihenfolge der Zahlen beim Abzählen. Auch dem Ordnungsaspekt wird im Zahlenland in vielfältiger Weise Rechnung getragen. Der Gesamtaufbau des Zahlenlandes und insbesondere des Zahlenwegs ist in diesem Sinne geordnet und wird vielfältig in Spielen und Aktivitäten erlebt.

Weiterhin werden die Ziffernbilder gelernt, z. B. durch die Ziffernfähnchen auf den Zahlenhäusern oder die aufgemalten Ziffern auf den Elementen des Zahlenwegs.

Durch die verschiedenen Formen der Zahlengärten (Kreis, Ellipse, Dreieck usw.) wird jede Zahl mit einer ihr entsprechenden geometrischen Form in Verbindung gebracht. Diese nehmen außerdem in ihrer Fläche entsprechend der Größe der Zahlen zu.

Dieses Konzept ermöglicht es Kindern, die unterschiedlichen Zahlaspekte stets ganzheitlich in fantasievollen Zusammenhängen zu erkunden, ohne dass sie rational zum Thema gemacht werden. Das Zahlenlandkonzept ist somit hervorragend geeignet, Kindergarten- und Einschulungskinder für die Welt der Zahlen zu begeistern. Sie haben nicht nur viel Spaß bei den verschiedenen Aktivitäten, sondern lernen ganz nebenbei wichtige Grundlagen der Mathematik.

Das Zahlenland...

Das geheimnisvolle Zahlenland besteht aus einer Zahlenstadt mit Zahlengärten, Zahlenhäusern, Zahlentürmen und einem Zahlenweg. In dieser Zahlenstadt leben ganz besondere Einwohner, nämlich die Zahlen selbst. Das Zahlenland können Sie aus fertigen Materialien aufbauen oder auch selbst herstellen.

Zahlenstadt und Zahlengärten

Im Zahlenland mit seinem Meer der Unendlichkeit, dem Fehlerwald, den Zahlen-Feldern und dem Einmaleins-Gebirge führt die Zahlenpromenade bzw. der Zahlenweg zu einer hübschen kleinen Stadt, der Zahlenstadt. In ihr wohnen die Zahlen, und dort ereignen sich alle Geschichten, Spiele und musikalischen Aktivitäten.

Der Aufbau der Zahlenstadt stellt die mathematischen Eigenschaften der Zahlen von 1 bis 10 sinnlich erfahrbar dar. Die Zahlen werden anschaulich mit geometrischen Vorstellungen verknüpft. Jede Zahl besitzt einen eigenen Zahlengarten. Dieser wird z. B. durch ein auf den Boden gelegtes Stück Stoff dargestellt. Jeder Garten hat eine andere geometrische Form, die der Zahl entspricht: Der Garten der „Eins" ist ein Kreis, der der „Zwei" eine Ellipse (welche ja zwei „Brennpunkte" besitzt), die „Drei" hat einen dreieckigen Garten, der Garten der „Vier" ist quadratisch usw. Die Fläche dieses Gartens entspricht der Größe der Zahl, d.h. der Garten der „Zwei" ist im Idealfall doppelt so groß wie der Garten der „Eins", der Garten der „Drei" ist dreimal so groß. Wichtig ist, dass die Größe der Gärten mit der Größe der Zahlen zunimmt. Dadurch sollen die Kinder eine möglichst konkrete Vorstellung von den Eigenschaften der Zahlen entwickeln.

Zahlenweg

Der Zahlenweg oder die Zahlenpromenade führt durch unsere Zahlenstadt von einem Zahlengarten zum anderen. Jede Zahl wird durch eine Platte mit einer aufgemalten Ziffer dargestellt und diese werden hintereinander zu einem Weg gelegt. Für den Zahlenweg gibt es eine Fülle von Spielideen.

Viele Kinder können im Kindergarten bereits bis 10 oder sogar schon weiter zählen. Das bedeutet jedoch nicht, dass sie auch schon rechnen können. Sie kennen lediglich die Zahlwortreihe auswendig, ähnlich einem auswendig gelernten Abzählreim, was durchaus eine wichtige Leistung darstellt. Auf dem Zahlenweg geht es jedoch darum, Kindern den Ordnungsaspekt der Zahlen vertraut zu machen, d.h. die Ziffern in ihrer Reihenfolge wahrzunehmen. Die wichtigste Aktivität auf dem Zahlenweg ist das Gehen auf den Ziffern, verbunden mit lautem oder stillem Zählen. Kognitive Leistungen werden unterstützt durch körperliche Bewegungen: Wo stehe ich gerade auf dem Zahlenweg? Welche Zahl kommt vor mir und welche direkt hinter mir? Gelingt es einem Kind, diese Fragen ohne Hilfe zu beantworten, so hat es bereits ein abstraktes Bild des so genannten Zahlenstrahls verinnerlicht.

Zahlenhäuser

In den Zahlengärten stehen die „Zahlenhäuser". Das können z. B. Holzwürfel sein, auf denen die Zahlen 1 bis 5 als Würfelaugen – mithilfe einfacher Bohrungen – dargestellt sind. Diese Bohrungen (für die Kinder sind es „Fenster") lassen sich auf der Vorder- und Rückseite mit farbigen Stöpseln verschließen. Die „Fenster" stellen die Anzahl bildlich dar. Kleine Fähnchen, auf welche die entsprechende Ziffer aufgedruckt ist, lassen sich auf die Zahlenhäuser stecken. Diese Ziffernfähnchen sind die „Hausnummern" der Zahlenstadt. Natürlich können Sie die Zahlenhäuser auch aus stabilem Karton oder anderen Materialien basteln.

Zahlentürme

Die „Zahlentürme" sind farblich gekennzeichnete Holzwürfel, die mithilfe eines Holz-Zylinders aufeinander gestapelt und dann gedreht werden können. Sie bieten eine große Vielfalt an spielerischen Möglichkeiten der Zahlerkundung. Die Kinder können z. B. auf jede Ecke eines Zahlengartens einen Würfel legen – dann erfahren sie sinnlich die Menge oder mathematisch gesprochen den Anzahl-Aspekt dieser Zahl.

Eine andere – gerade für das erste Schuljahr – sehr wichtige Eigenschaft der Zahlen lässt sich ebenfalls mit diesem Material entdecken: die so genannte Zahlzerlegung. Darunter versteht man in der Mathematik die Eigenschaft von Zahlen, sich in so genannte Teilmengen zerlegen zu lassen. Zum Beispiel lässt sich die Zahl 9 in die Zahlen 5 und 4 oder 6 und 3 zerlegen. Das sichere Beherrschen solcher Zahlzerlegungen ist die wichtigste Voraussetzung für das spätere Rechnen über die Zahl 10 hinaus. Mithilfe der Zahlentürme können die Kinder solche Zahlkombinationen auf unmittelbar greifbare Weise herstellen. Wenn die Kinder die Würfel aufeinander stapeln, ist nicht nur durch die Höhe der Türme klar ersichtlich, dass fünf mehr ist als drei, sondern es gibt auch mehrere Möglichkeiten, den Turm wieder abzubauen: bei fünf z. B. zuerst drei Würfel und dann zwei oder zuerst einen Würfel und dann vier.

...und seine Bewohner

In dieser Zahlenstadt wohnen nun die Zahlen selbst, jede in dem ihr entsprechenden Zahlenhaus, welches in dem zu ihr passenden Zahlengarten steht. Dort besuchen wir sie mit den Kindern in den Märchen, Spielen und Liedern. Aber die Zahlen – und die Kinder – bekommen auch noch von zwei weiteren Bewohnern des Zahlenlandes Besuch: von Kuddelmuddel, dem Kobold, und Vergissmeinnicht, der guten Zahlenfee.

Zahlenpuppen

Jede Zahl wird durch eine Zahlenpuppe verkörpert. Diese Zahlenpuppen sind bei den Kindern nicht nur besonders beliebt, sie sind auch eine der wichtigsten Ideen zur Umsetzung des Konzeptes. Mithilfe der Puppen erhält jede Zahl von 1 bis 10 eine eigene Persönlichkeit. Diese Zahlenpuppen können Sie auch in der Vorbereitungsphase des Projekts mit den Kindern selbst gestalten, z. B. aus Pappmaschee oder Stoff. Die Puppen sind in ihrer Form den einzelnen Ziffern nachgebildet und zeigen diese zugleich durch bestimmte markante Zeichen. So kann zum Beispiel die Eins eine Zipfelmütze tragen, die Zwei trägt einen Hut mit zwei Federn, die Drei kann drei Wünsche durch dreimaliges Klingeln mit ihren drei Glöckchen erfüllen, die Vier trägt ihr Haar mit vier Zöpfen, die Fünf hat fünf Knöpfe an ihrem Pullover, die Sechs trägt eine Punkerfrisur mit sechs Zacken, die Sieben trägt sieben Herzen am Körper, die Acht hat zweimal vier Sommersprossen auf den Backen, die Neun hat neun Zähne: fünf oben und vier unten, die Zehn hat zweimal fünf Finger. Diese Zahlenpuppen lassen sich vielfältig einsetzen. Man kann sie sprechen und sich bewegen lassen, die Zahlenlieder mitsingen lassen und sie in die vielfältigen Spiele der Kinder integrieren.

Der Zahlenkobold

Wenn unser Zahlenkobold „Kuddelmuddel" – er wohnt natürlich im Fehlerwald – in der Zahlenstadt umhergeht, ist höchste Konzentration und Aufmerksamkeit gefordert, denn er bringt die Ordnung der Zahlen gerne durcheinander. Er stellt die Zahlenhäuser falsch, vertauscht deren Hausnummern oder macht sonstigen Unsinn in den Zahlengärten. Die Aufgabe der Kinder besteht darin, den „Unsinn" des Zahlenkoboldes zu korrigieren und die Zahlenordnung wieder herzustellen. Diese Aufgabe bereitet den Kindern große Freude. Neben der Motivation zeigt der Zahlenkobold auch den Lernfortschritt: Sind die Kinder in der Lage, die Fehler des Ko-

bolds zu korrigieren, so haben sie bereits ein inneres Abbild des jeweiligen Zahlenraums aufgebaut. Und natürlich kommt „Kuddelmuddel" auch in unseren Geschichten vor.

Die Zahlenfee

Die Zahlenfee „Vergissmeinnicht" ist die Gegenspielerin von „Kuddelmuddel". Sie kann mittels eines Zauberspruchs herbeigerufen werden, sobald es brenzlig wird. Als Einzige im Zahlenland vermag sie Kuddelmuddel für eine gewisse Zeit in seine Schranken zu weisen. Die Zahlenfee dient auch dazu, verschiedene Rechenspiele anzuleiten. Kreativen Möglichkeiten der Gestaltung sind hier kaum Grenzen gesetzt. Außerdem ist „Vergissmeinnicht" eine große Musikliebhaberin, die sowohl die Zahlenpromenade als auch jedes Zahlenlied auswendig singen kann.

Aufbau des Zahlenlandes

Kindergartenkinder haben ein gutes Orientierungsvermögen im Raum. Auch besondere Orte in einem Zimmer können sie sich recht verlässlich merken. „Wo ist der Platz für meine Lieblingspuppe?" und „Wo bewahre ich mein Ritterschwert auf?" sind Fragen, die Kinder meist sofort beantworten können. Dieser Tatsache trägt der Aufbau des Zahlenlandes dadurch Rechnung, dass die „Wohnorte" der einzelnen Zahlen im Gesamtaufbau stets in der gleichen Position bleiben.
Das Kind steht in der Mitte des Raumes und bildet sozusagen das Zentrum. Den Zahlenraum von 1 bis 5 kann es von dort mit einem Blick erfassen.

Dreht sich das Kind nun um und betrachtet den Raum von 6 bis 10, so sieht es im Prinzip die gleiche Raumanordnung: Wo bisher links die 1 war, ist nun die 6; direkt vor sich, an der Stelle der 3, sieht das Kind nun die 8. Ist die Raumanordnung von 1 bis 5 gut verankert, so ist die Erweiterung von 6 bis 10 deshalb in der Wahrnehmung der Kinder bereits vorbereitet.
Diese Anordnung des Zahlenraums ist mathematisch auch deshalb sinnvoll, da sie der Ordnung der Zahlen entspricht. Logisch ließe sich der auf diese Weise konstruierte Raum auf einfache Weise auch bis 20 (oder darüber hinaus) erweitern. Den Kindern ist diese besondere Anordnung der Zahlengärten von 1 bis 10 direkt plausibel, und sie können sich diese gut über eine Woche hinweg merken.

Eine Reise ins Zahlenland

Die „Reise ins Zahlenland" ist als Gesamtprojekt gestaltet. Natürlich können auch einzelne Elemente in den normalen Tagesablauf im Kindergarten integriert werden. Bei der Durchführung des Gesamtprojektes trifft sich eine feste Gruppe von 10 bis 15 Kindern einmal in der Woche zu einem bestimmten Termin. Die Zahlenstadt wird immer als gesamte Einheit (zuerst vollständig von 1 bis 5 und dann vollständig von 1 bis 10) mit den Kindern aufgebaut und dabei jede Woche eine Zahl – natürlich der Reihe nach – als „Zahl der Woche" in den Mittelpunkt gestellt. Dies geschieht mithilfe der Zahlengeschichten und der Zahlenlieder, die bei den Kindern zu den beliebtesten Elementen des Projektes gehören. Daran schließen sich Spiele und andere Aktivitäten an. Viele Spiele und Aktivitäten, die unter einer bestimmten Zahl aufgelistet sind, lassen sich ohne große Veränderungen auch auf andere Zahlen übertragen.

Einrichten der Zahlengärten bis 5

Zu Beginn der „Reise ins Zahlenland" richten die Kinder die Zahlengärten ein. Diese sollten zuvor von der Erzieherin in der richtigen Anordnung ausgelegt worden sein. Die Kinder dürfen auslosen, für welchen Zahlengarten sie heute zuständig sind. Natürlich können auch immer dieselben Kinder für denselben Zahlengarten zuständig sein. Meist ist es jedoch so, dass die Kinder lieber für größere Zahlen zuständig sind als immer nur für die Eins oder die Zwei. Lustig ist es, wenn die Kinder, die zu ihrem Zahlengarten passende Anzahl an Klebepunkten auf die Nase, Stirn oder ihre Backen bekommen. Voller Stolz laufen sie oft noch den ganzen Tag damit herum oder gehen sogar damit nach Hause. Nun geht es ans Einrichten der Zahlengärten. Natürlich sind neben den in diesem Buch vorgestellten Einrichtungsgegenständen weitere oder völlig andere willkommen, z. B. Bälle, Bauklötze, Zahnbürsten oder Löffel, die entsprechend der richtigen Anzahl auf die Gärten verteilt werden, oder auch ganz spezifische Gegenstände, die nur in einen Zahlengarten passen: ein Hammer, eine Brille (zwei Gläser), ein kleines Dreirad (drei Räder), ein kleiner Stuhl (vier Beine) und ein Handschuh (fünf Finger). Die Kinder stellen die Zahlenhäuser in die richtigen Zahlengärten und stecken die Fähnchen der „Hausnummern" darauf. Sie können die Eckpunkte der Zahlengärten mit je einem Element der Zahlentürme oder mit einem Steinchen, einer Kastanie, einer Murmel o. Ä. verzieren. In den Garten der Eins kommt ein Element, in den Garten der Zwei werden zwei Dinge gelegt, auf jede Ecke des Dreiecks wird ein Element gelegt usw. – dadurch wird wiederum die Menge, d. h. der Anzahlaspekt geübt. Außerdem werden charakteristische Dinge in die Zahlengärten gelegt: Was gibt es nur einmal? Was gibt es zweimal? Wer darf in den Dreiergarten und wer nicht? Und dann tritt natürlich die „Zahl der Woche" als Zahlenpuppe auf.

Der Zahlenraum von 1 bis 5 stellt die Basis des Projektes dar. Wenn er den Kindern gut vertraut ist, kann man ihn bis 10 erweitern. Hierfür wird der Raum von 1 bis 5 noch einmal genutzt: Den Zahlen von 6 bis 10 wird stets die Zahl 5 bzw. das Zahlenhaus der „Fünf" zugeordnet. In den Gärten der Zahlen 6 bis 10 befinden sich demnach immer zwei Zahlenhäuser (1+5, 2+5, 3+5, 4+5 und 5+5).

Auf diese Weise entstehen erste additive Zahlkombinationen. Da sie den Kindern durch ihre zweimal fünf Finger der beiden Hände erklärt werden können, fallen sie ihnen nicht schwer und sind mathematisch sehr willkommen.

Natürlich kann man die Zahlenstadt auch jede Woche um eine Zahl erweitern. Unsere Erfahrungen haben jedoch gezeigt, dass zumindest der Zahlenraum von 1 bis 5 von den Kindern ohne Schwierigkeiten als Gesamtheit überblickt werden kann.

Im Anschluss an das Einrichten der Zahlengärten folgen vielfältige Zahlenspiele und Aktivitäten zur „Zahl der Woche". Vielleicht schließt das auch einen Auftritt von Kuddelmuddel oder der guten Fee Vergissmeinnicht ein. Einen Höhepunkt der „Reise ins Zahlenland" stellen natürlich das Erzählen des entsprechenden Märchens und das Singen des passenden Lieds dar.

Eine in dieser Form durchgeführte „Reise ins Zahlenland" dauert in der Regel zwischen 50 und 60 Minuten. Insgesamt werden also, dem Zahlenraum von 1 bis 10 entsprechend, zehn feste Termine durchgeführt. Im Laufe der Woche können den Kindern die Lernmaterialien in Freiarbeitsphasen zur Verfügung gestellt werden und die Erzieherinnen wiederholen die Zahlenlieder und die Zahlengeschichten. Darüber hinaus ist es wichtig, Kindern die Welt der Zahlen auch in ihrem spontanen Spiel, ihrem täglichen Handeln und ihren Fragen zu erklären, d. h. in den konkreten Alltagssituationen, in denen Kinder täglich der Welt der Zahlen begegnen.

Willkommen im Zahlenland

Das schöne Zahlenland erstreckt sich vom Meer der Unendlichkeit bis zum Einmaleins-Gebirge. Dazwischen liegen so viele verschiedene Landschaften, dass ich sie gar nicht alle aufzählen kann. Von einigen jedoch möchte ich euch hier berichten, damit ihr euch gut zurechtfindet, wenn ihr selbst einmal im Zahlenland auf Wanderschaft geht.

Das Meer der Unendlichkeit hat unzählbar viele Sandkörnchen an Land gespült und so im Laufe von zigmillionen-billionen-trilliarden-unendlich-vielen Jahren einen wunderbaren Strand geschaffen, auf dem es viel zu tun und zu entdecken gibt. Dort könnt ihr Sandburgen bauen und Löcher buddeln. Für die Sammler unter euch liegen viele bunte Muschelschalen und vielleicht sogar ein paar gestrandete Seesterne herum. Aber seid vorsichtig, denn hinter den Dünen liegt die Wüste der Vergesslichkeit! Wer sich zu weit in sie hineinwagt, vergisst nach und nach alle Zahlen, die er im Zahlenland kennen gelernt hat, und findet nie wieder zurück! Es sei denn, die liebe Zahlenfee Vergissmein-

nicht kommt herbei. Sie nimmt den verirrten Wanderer bei der Hand und zeigt ihm den Weg zurück zum Strand.

Vom goldenen Strand führt eine prächtige Zahlenpromenade zu einer hübschen kleinen Stadt. Sie trägt den Namen Zahlenstadt, weil alle unsere Zahlen in ihr wohnen! Die Zahlen haben jede ein schönes Häuschen am Zahlenweg mit einem Garten darum herum und einem Schornstein auf dem Dach. Ihr werdet noch viel über diese Zahlen erfahren, wie sie leben und welch spannende Abenteuer sie schon bestanden haben.

Hinter den Mauern der Zahlenstadt beginnt westlich der große, wilde Fehlerwald mit seinen ururalten Bäumen. Niemand wagt es, den Fehlerwald zu durchqueren, ohne vorher die Freundschaft einer oder mehrerer Zahlen errungen zu haben, denn in seiner Mitte wohnt der freche Zahlenkobold Kuddelmuddel! Er hat eine lange, spitze Nase, die er gerne in fremder Leute Angelegenheiten steckt, einen großen Zauberhut auf dem zerzausten Kopf und seine Kleider sind ganz zerrissen. Aber das ist

18

ihm vollkommen egal, denn er liebt die Unordnung. Wenn er nicht gerade unterwegs ist, um mit den armen Zahlen Schabernack zu treiben, hockt er in seiner windschiefen Hütte auf einem dreibeinigen Stuhl, schlürft kalten Kaffee aus einer henkellosen Tasse und lauert den vorbeikommenden Wanderern auf, um sie durcheinander zu bringen. Zum Glück kenne ich einen Zauberspruch, der in solch einer gefährlichen Situation die gute Zahlenfee Vergissmeinnicht herbeiruft. Soll ich ihn euch verraten? Ihr werdet ihn sicher noch brauchen! Er lautet:

Kuddelmuddel – welch ein Schreck –
zaubert mir die Zahlen weg!
Komm herbei,
Vergissmeinnicht,
jage fort den Bösewicht!

Habt ihr euch den Zauberspruch gut gemerkt? Östlich der Zahlenstadt liegen weite Wiesen und Zahlen-Felder. Dort bauen die Zahlen ihr Gemüse und ihren Salat an. Auf einer bunten Wiese zwischen ein paar alten Obstbäumen wohnt die Zahlenfee Vergissmeinnicht. Im Frühjahr und in der warmen Sommerszeit spannt sie sich ein Zelt aus feinen Tüchern auf. Wenn es kalt wird, im Herbst und im Winter, zaubert sie sich – simsalabim! – ganz klitzeklein und bezieht ihre kuschelig warme Wohnung in einem Kirschbaum, in den vor langer Zeit ein Blitz eine Höhle gebrannt hat. Von dort aus wacht sie über das Zahlenland und passt auf, dass der freche Kuddelmuddel nicht allzu viel Unfug treibt. Die Zahlenfee sieht wunderschön aus mit ihren vergissmeinnichtblauen Augen und dem weiten Umhang, auf den alle Zahlen der Welt aufgemalt sind. Mit ihrem funkelnden Zauberstab hilft sie den Zahlen in der Zahlenstadt, zaubert Kuddelmuddels Durcheinander wieder ordentlich hin und steht auch euch zur Seite, wenn ihr sie um Hilfe bittet. Den Zauberspruch kennt ihr ja noch? Oder habt ihr ihn schon vergessen? Hat sich denn etwa der freche Kuddelmuddel hier hereingeschlichen und schon alles durcheinander gebracht?

Hinter dem Fehlerwald und den Zahlen-Feldern ragen die Berge des Einmaleins-Gebirges auf. Sie sind höher als der höchste Wolkenkratzer der Welt! Man muss sich ganz schön anstrengen, um sie zu besteigen, aber wenn man eine der vielen Bergspitzen erklommen hat, wird man für die Mühe reichlich belohnt: Man hat eine wunderbare Aussicht auf das ganze Zahlenland mit seinem goldenen Strand, der Wüste, dem Wald, den Wiesen und der Zahlenstadt, die von dort oben ganz klitzeklein aussieht.

Aber jetzt möchte ich euch nicht noch mehr erzählen. Ich bin mir sicher, ihr seid alle sehr gescheite Leute und habt euch den Zauberspruch von vorhin gut gemerkt. Den braucht ihr, damit ihr jetzt losziehen könnt, um das schöne Zahlenland selbst kennen zu lernen.

EINS –
Das Keinhorn

Im Zahlen-
land gibt es eine hübsche
Stadt. Dort wohnen die Zahlen in ihren
Häuschen. Neulich spazierte ich zum ersten Mal
die Zahlenpromenade entlang und konnte gerade
noch zur Seite springen. Fast wäre ich von einem
Fahrradfahrer angefahren worden! „Klingeling!",
läutete das kleine Männlein, winkte mir mit einem
weiß schimmernden Gegenstand zu und radelte davon. „So eine Unverschämtheit", schimpfte ich,
„harmlose Spaziergänger so zu erschrecken!"
Dann ging ich am ersten Häuschen vorbei. Aber
weinte denn da nicht jemand? Tatsächlich! In ihrem Gärtlein hockte eine winzige Zahl und weinte.
„Uuu", machte sie, „uuu!" „Kann ich dir helfen?",
fragte ich. Die kleine Zahl blickte mit verweinten
Augen auf. „Der Kobold", schluchzte sie, „dieser
gemeine Kuddelmuddel!" „Was hat er dir denn getan?", wollte ich wissen. „Mein armes Tierchen",
jammerte die kleine Zahl, „siehst du denn nicht,
was dieser Unhold mit ihm angestellt hat?" Traurig
deutete sie zum Ende des Gartens hinüber.

Was glaubt ihr, was ich dort sah? Ein weißes Pferdchen stand auf der Wiese! Es war einzigartig anzuschauen mit seinem hellen Schweif und der glit-
zernden Mähne. „Das ist ein schönes Pferdchen",
sagte ich, „aber sollten wir uns nicht einander vorstellen? Ich heiße… Und wer bist du?" „Ich bin
Eins", schniefte Eins, „und du kapierst wohl gar
nichts?" „Dein Pferdchen sieht doch völlig normal
aus", sagte ich. „Das ist es ja gerade!", rief Eins.
„Findest du nicht, dass ein richtiges Einhorn auch
ein Horn haben sollte?"
Nun sah ich mir das Pferdchen näher an. Auf seiner Stirn deutete nur ein Fleck an, wo sein Horn
gewesen war. Das arme Tier! Schließlich ist ein
Einhorn ohne Horn kein Einhorn mehr, sondern
nur noch ein Keinhorn!
„Jetzt weißt du, was los ist", jammerte Eins, „dieser gemeine Kuddelmuddel!" Bei ihren Worten fiel
mir ein, dass der Kerl auf dem Fahrrad einen wei-

ßen Gegenstand dabeigehabt hatte. Der Kobold hatte das Horn gestohlen und war nun über alle Berge. Wie konnte ich Eins und dem armen Keinhorn nur helfen?

An der Hauswand lehnte eine Schubkarre, die hatte vorne ein einzelnes Rad. „Setz dich in die Schubkarre", forderte ich Eins auf, „dann fahren wir dem Kobold hinterdrein." „Ich trau mich nicht", sagte Eins ängstlich, „ich bin doch noch so klein." „Keine Angst", entgegnete ich „ich bin ja bei dir." Gesagt, getan. Eins hüpfte in die Schubkarre und ab ging's über Stock und Stein, durchs Stadttor hindurch bis zum dunklen Fehlerwald. „In den Fehlerwald will ich aber nicht hinein", sagte Eins furchtsam. „Keine Angst", sagte ich, „du machst einfach die Augen zu und ich bringe dich zur Koboldhütte." Eins nickte tapfer. So schnell es ging, schob ich die Schubkarre durch den Wald und war in einer Stunde an Kuddelmuddels Hütte angelangt. „Jetzt kannst du die Augen wieder aufmachen", flüsterte ich Eins zu, „wir sind da."

„Oje, wie sieht es denn hier aus?", flüsterte Eins zurück. „Hier liegt ja lauter Krimskrams herum! Und die Hütte ist so schief und krumm, es ist ein Wunder, dass sie noch nicht eingestürzt ist! Was tun wir jetzt?" „Jetzt hole ich Verstärkung", sagte ich leise. Dann flüsterte ich:

Kuddelmuddel – welch ein Schreck –
zaubert mir die Zahlen weg!
Komm herbei, Vergissmeinnicht,
jage fort den Bösewicht!

Kaum hatte ich den Zauberspruch zu Ende gesagt, tauchte auch schon ein helles Licht vor mir auf, sodass ich die Augen schließen musste. Als ich sie wieder öffnete, stand die gute Zahlenfee vor mir. „Ihr habt mich gerufen?", fragte sie.

Da erzählte Eins ihr die ganze Geschichte. „Das darf doch wohl nicht wahr sein", rief Vergissmeinnicht empört, „Kuddelmuddel, komm sofort heraus!" Knarrend öffnete sich die Hüttentür. Misstrauisch lugte der Kobold daraus hervor. „Was wollt ihr denn?" stellte er sich dumm. „Du weißt ganz genau, was wir wollen", schimpfte die Fee, „gib Eins das Horn zurück, du hast es ihr gestohlen!" „Was kriege ich dafür?", fragte Kuddelmuddel. Vergissmeinnicht dachte nach. „Passt auf, ich stelle euch jetzt eine einzige Frage. Wer von euch beiden sie lösen kann, darf das Horn behalten. Hört gut zu. Was ist mehr als keins?"

Der Kobold kratzte sich nachdenklich am Kinn, schüttelte den Kopf und schnarrte: „Keine Ahnung. Wer soll so etwas denn wissen?" „Ich", jubelte Eins, „das bin ja ich! Ich bin Eins, bin mehr als keins, juchhuu!" „Dir gebührt das Horn", sagte die Fee lächelnd und löste sich – husch – in Luft auf.

Der Kobold gab Eins das Horn zurück, das arme Keinhorn wurde wieder zum Einhorn und ich bin gleich hierhergeeilt, um euch diese Geschichte zu erzählen.

Im Einser-Land

1 Einrichten der Zahlengärten

Beim ersten Besuch im Zahlenland richten die Kinder die Zahlengärten bis zur 5 ein. Wer oder was darf ins Einser-Land? Welche Dinge sind charakteristisch für das Einser-Land? Ein Hammer, ein Zauberstab, ein Bild von einem Einhorn, ein Monokel …

Einführung des Zahlenweges

Eine besonders schöne Methode, die Welt der Zahlen mit vielfältigen kinästhetischen Erfahrungen zu verbinden, bietet der Zahlenweg. Nur über diesen gelangt man ins Zahlenland. Es ist sinnvoll, die Entdeckungen im Zahlenland stets mit Übungen auf dem Zahlenweg zu beginnen.

Die wichtigste Aktivität auf dem Zahlenweg ist das Gehen verbunden mit lautem oder stillem Zählen. Gehe ich vorwärts, werden die Zahlen größer. Jeder Schritt vorwärts entspricht einer Addition der Zahl 1. Gehe ich rückwärts, werden die Zahlen kleiner. Jeder Schritt zurück entspricht einer Subtraktion der Zahl 1. Mit 2, 3 oder mehr Schritten verhält es sich natürlich entsprechend. Kognitive Leistungen werden auf diese Weise durch Bewegung unterstützt.

Zu Beginn begehen die Kinder den Zahlenweg einfach und zählen im Rhythmus des Gehens laut. Für viele Kinder ist das alles andere als einfach. Wenn das Vorwärtszählen und gleichmäßige Gehen gut gelingt, ist es sinnvoll, auch das Rückwärtszählen mit dieser einfachen Methode zu verinnerlichen. Dazu sollten die Kinder auch wirklich rückwärts gehen. Man kann zum Beispiel das Zahlenland immer auf diese Weise verlassen, wenn der Projekttermin beendet ist.

Triff in den Eimer

Die Kinder stellen sich in zwei Mannschaften auf und werfen abwechselnd einen Ball in einen auf dem Boden stehenden Eimer. Es wird *einmal* geworfen und für jeden Treffer gibt es genau *einen* Punkt bzw. *einen* Gegenstand (z. B. *eine* Murmel). Die Gruppe, die nach einer vorher bestimmten Anzahl von Würfen die meisten Punkte hat, hat gewonnen.

Für die Überprüfung, wer gewonnen hat, muss man nicht unbedingt zählen können: Es genügt, wenn man die Anzahlen im „Eins-zu-eins-Vergleich" miteinander vergleicht, d. h. die Gegenstände z. B. nebeneinander legt.

Hatschi und weg

Die Eins ist schrecklich erkältet und muss ständig niesen. Das ist aber sehr gefährlich im Zahlenland. Denn immer, wenn die Eins niesen muss, verschwindet genau ein Gegenstand aus dem Zahlenland. Die Zahl Eins niest also und ein Erwachsener nimmt einen Gegenstand aus der Zahlenstadt weg und räumt ihn auf. Dies wird so oft wiederholt, bis die Kinder das Spiel verstehen und selbst einen Gegenstand beim Niesen aufräumen, bis alles weg ist. Zum Schluss niest die Zahl ein letztes Mal und verschwindet dann selbst. Die Zahl ist nun wieder zu Hause im Zahlenland.

Wir sind einmalig

Wie sähe die Welt aus, wenn es manche Dinge nur einmal gäbe? Die Kinder finden es mehr als lustig, die Welt so zu malen oder entsprechend vorbereitete Bilder anzuschauen. Ein Gesicht, welches nur eine Nase und einen Mund hat, ist nichts Besonderes. Aber wie sieht ein Gesicht mit einem Auge, einem Ohr, einem Zahn und einem Haar aus? Oder ein Fahrrad mit einem Rad? Das ist dann ein Einrad. Mit solchen Aufgabenstellungen (z. B. auch auf einem Bein hüpfen) werden die Kinder mit sehr viel Spaß für die Einmaligkeit mancher Dinge sensibilisiert. Welche Dinge gibt es denn tatsächlich nur einmal: die Sonne, den Mond, meine Mutter und meinen Vater und schließlich mich selbst. Ich bin einmalig.

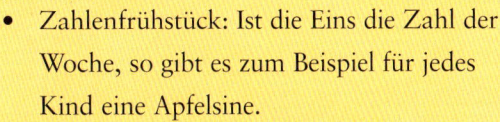

ZWEI - Rettung Rettung vom vom Baum Baum

Neulich spazierte ich zum zweiten Mal die Zahlenpromenade entlang. Die Sonne sandte ihre Strahlen vom Himmel, die Vöglein sangen in den Bäumen und eine Katze huschte vor mir über den Weg, als mich auf einmal jemand anredete. „Hallo, hallo", hörte ich eine Stimme. Ich drehte mich um, aber niemand war zu sehen. Verwundert wollte ich weitergehen, als mich die Stimme erneut rief: „Hier hier oben oben bin bin ich ich!" Ich hob den Kopf. Da war nur die Sonne, die meine Augen blendete, und zwei hohe Bäume.

„Ist da jemand?", fragte ich. „Ja ja, ich ich bin bin da da", antwortete die Stimme erfreut, „hier hier oben oben." „Der arme Kerl stottert ja wie ein altes Motorrad", murmelte ich vor mich hin. „Ich ich stottere stottere überhaupt überhaupt nicht nicht!", rief die Stimme erbost. „Ich ich bin bin Zwei Zwei und und rede rede immer immer so

so!" „Entschuldigung", sagte ich sofort, „das konnte ich ja nicht wissen."

Als ich wieder nach oben blickte, entdeckte ich Zwei: Sie saß hoch oben auf einem dünnen Ast und sah unglücklich zu mir herunter. „Pass auf, dass du nicht fällst", rief ich ihr zu. „Ich ich wollte wollte nur nur meine meine Katze Katze retten retten", erklärte Zwei. „Mein mein Hund Hund hat hat sie sie auf auf den den Baum Baum gejagt, und und sie sie traute traute sich sich nicht

nicht mehr mehr alleine alleine herunter herunter!"
Ihr seht schon, es war gar nicht so einfach, Zwei
zu verstehen, da sie alles doppelt sagte! Zur Vereinfachung lasse ich jedes zweite Wort von ihr
– also die Hälfte – weg, sonst sitzen wir in zwei
Stunden noch hier.

Zwei erklärte mir also: „Ich wollte nur meine
Katze retten, mein Hund hat sie auf den Baum gejagt und sie traute sich nicht mehr alleine herunter!" „Wo ist denn deine Katze, ich sehe sie ja gar
nicht?", wollte ich wissen. „Sie ist wieder hinunter-
gesprungen", antwortete Zwei. „Ich glaube, sie lief
mir vorhin über den Weg", sagte ich, „komm herunter." „Ich kann nicht", sagte Zwei kläglich.
„Ich sitze fest. Ich traue mich nicht vorwärts und
nicht zurück. Bitte hilf mir!"

Da war guter Rat teuer. „Gibt es hier irgendwo
eine Leiter?" „Ich glaube nicht", entgegnete Zwei.
„Was soll ich jetzt bloß tun?" „Am besten gar
nichts", riet ich besorgt. „Bleib einfach sitzen und
halte dich fest, ich gehe Hilfe holen." „Ist ist gut
gut", sagte Zwei tapfer. Ich dachte scharf nach.
Was konnte ich bloß tun? Kinder, wie hättet denn
ihr der armen Zwei geholfen?

Ich wollte also zur Eins zurückgehen, um sie nach
einer Leiter zu fragen, da zupfte mich etwas am
Hosenbein. Ich schaute nach unten. Was meint ihr,
wer mich da anwedelte? Ein kleiner Hund! Er
hatte mir ein Stöckchen vor die Füße gelegt und
bettelte mich an, mit ihm zu spielen. Da warf ich
sein Stöckchen fort, so weit ich konnte. Wie ein
schwarzer Blitz raste er davon. Ich rannte in die
andere Richtung und kam völlig außer Atem bei
Eins an.

„Liebe Eins", schnaufte ich, „entschuldige die Stö-
rung! Hast du eine Leiter, die du mir borgen

kannst?" Eins schüttelte bedauernd den Kopf.
Rasch erzählte ich ihr von der misslichen Lage, in
der sich Zwei befand. „Ich habe eine Idee", rief
Eins mir zu. „Du stellst dich hin und ich klettere
auf deine Schultern. Zu zweit müssten wir es
schaffen!" Als Eins auf meinen Schultern stand,
reckte sie sich in die Höhe und erreichte Zwei gerade so mit den Fingerspitzen.

„Bin ich aber froh!", sagte Zwei erleichtert, als sie
wieder festen Boden unter den Füßen hatte. Könn-
tet ihr beiden mich bitte nach Hause bringen?"
Zusammen begleiteten wir Zwei zu ihrem Häuschen. Als wir dort ankamen, wurde es bereits dun-
kel und der Mond leuchtete am Himmel. „Ich
danke euch vielmals", sagte Zwei. „Darf ich euch
zu einem doppelten Punsch einladen?"

Eins schüttelte den Kopf. „Ich muss wieder los,
mein Einhorn will gestriegelt werden", erklärte sie
und eilte davon.

„Es ist schon spät", lehnte auch ich die Einladung
ab, „leider muss ich ebenfalls nach Hause gehen."
„Komm mich doch in zwei Tagen besuchen",
drängte Zwei, „es gibt Zweitopf und Doppelde-
cker-Eis. Bis dahin: Auf auf Wiedersehen Wiedersehen!" Zum Abschied winkte sie mir mit beiden
Händen zu.

Nachdem ich ein paar Schritte gegangen war,
drehte ich mich noch zweimal um. Das erste Mal
entdeckte ich die Katze, die aus dem linken Fenster
herausschaute. Das zweite Mal sah ich das
schwarze Hündchen, das mir aus dem rechten
Fenster heraus nachbellte. „Ihr zwei Schlawiner",
lachte ich laut, „Tag und Nacht hat man keine
Ruhe vor euch!"

Das also war mein zweites Abenteuer im schönen
Zahlenland.

Im Zweier-Land

Einrichten der Zahlengärten

Wer oder was darf in den Garten der Zwei hinein? Die Kinder begründen, warum manche Dinge oder Lebewesen ins Zweier-Land dürfen und andere wieder nicht. Ein Huhn oder ein Känguru? Ja: Sie haben zwei Beine. Ein Hund oder eine Katze? Nein: Sie haben vier Beine. Ein Schmetterling? Ja: Er hat zwei Flügel. Ein Fahrrad? Na klar, es hat zwei Räder. Auch ein Paar Schuhe, Strümpfe oder Handschuhe dürfen in den Zweiergarten. Und natürlich Zwillinge!

Übungen auf dem Zahlenweg

Der Zahlenweg sollte fester Bestandteil jeder „Entdeckung" im Zahlenland werden. Die Übungen lassen sich im Schwierigkeitsgrad stetig steigern. Falls die Kinder jedoch noch nicht sicher im gleichförmigen Gehen sind, sollte dies zunächst weiter geübt werden, bis hier eine wirkliche Vertrautheit herrscht. Bewegen sich die Kinder jedoch handlungssicher, so kann man auch im Zweier-Rhythmus (oder später im Dreier- oder auch Vierer-Rhythmus) auf dem Zahlenweg gehen. Auf diese Weise werden immer entweder die geraden oder die ungeraden Zahlen betont. Wenn dies sicher beherrscht wird, kann man auch jede zweite Fliese umdrehen, sodass die Kinder das Ziffernbild nicht sehen.

Abzählreime für die Zahl Zwei

Abzählreime stellen ein hervorragendes Mittel dar, um zugleich die Sprachentwicklung zu fördern, das Rhythmusgefühl zu trainieren und das Zählen zu üben. Es macht den Kindern viel Spaß, sie immer wieder zu wiederholen – je unsinniger der Text ist,

umso mehr. Außerdem lösen sie das immer wieder auftretende Problem, wer bei einem Spiel anfangen darf. Abzählreime gibt es in vielen Variationen zu den verschiedenen Zahlen. Für Partnerspiele eignen sich die folgenden Reime im Zweier-Rhythmus.

Ich und du,
Müllers Kuh,
Müllers Esel,
der bist du!

Eine kleine Dickmadam,
fuhr mit der Eisenbahn,
Eisenbahn krachte,
Dickmadam lachte,
fiel zum Wagen raus
und du bist raus!

Ene mene Miste,
es rappelt in der Kiste,
ene mene Meck,
und du bist weg.

Kleiner Schneck,
du musst weg.

Ich und du

Auch im Bereich der Sprache spielen Paare eine wichtige Rolle, sei es als Gegenteile oder als Zusammengehöriges. Lassen Sie die Kinder den jeweiligen Wortpartner finden.
Paare: ich und du, Mann und Frau, Messer und Gabel, Hund und Katze usw.
Gegenteile: ja – nein, jung – alt, warm – kalt, reich – arm, links – rechts, vorn – hinten usw.

Klecksbilder

Die Kinder falten ein Blatt Papier in der Mitte und bemalen eine Seite mit Wasserfarben, Tinte oder Aquarellfarben. Dann wird das Blatt zusammengefaltet: Es entsteht ein spiegel- oder achsensymmetrisches Klecksbild, auf dem nun alles, was gezeichnet wurde, doppelt vorkommt.

Spieglein, Spieglein

Ein kleiner, rechteckiger Handspiegel wird senkrecht auf ein Bild gestellt. Das Bild und sein Spiegelbild bilden zusammen eine achsensymmetrische Figur, bei der wir jedes Bildelement doppelt sehen. Auf diese Weise lässt sich aus einer 3 eine 8 „zaubern". Wir können mit dieser Methode auch Spiegel- oder Symmetrieachsen bei Bildern suchen, z. B. bei Gesichtern oder auch bei einer Zahl, nämlich bei der 8.

Zweimal klatschen

Alle Kinder stehen im Kreis um ein anderes Kind. Das Kind in der Mitte wirft den Ball der Reihe nach den anderen Kindern zu. Diese müssen den Ball fangen. Bevor jedoch der Ball gefangen werden darf, muss das Kind genau zweimal in die Hände klatschen.

Dieses Spiel ist für Kindergartenkinder nicht einfach und muss deshalb oft geübt werden. Eine mögliche Vereinfachung besteht darin, dass die Kinder auch schon direkt vor dem Zuwerfen zweimal klatschen dürfen.

Katz und Maus

Zwei Kinder sind Katze und Maus. Die restlichen Kinder sind die Mäusekinder, die sich vor der Katze, die sie natürlich fangen möchte, schützen müssen. Sie tun dies, indem das erste Mäusekind die Mäusemutter an den Schultern oder an der Hüfte festhält. Die weiteren Mäusekinder halten den jeweiligen vorderen Partner auf dieselbe Weise. Die Katze muss das letzte Mäusekind durch Abschlagen fangen, was die Mutter wiederum durch ihre ausgestreckten Arme und durch schnelles Herumgehen im Zimmer zu verhindern versucht. Gelingt es der Katze dennoch, wird sie zur neuen Mäusemutter und das abgeschlagene Kind zur neuen Katze. Die vorherige Mäusemutter scheidet aus.

Aktivitäten im Laufe der Woche

- Zahlenfrühstück: Ist die Zwei die Zahl der Woche, so gibt es zum Beispiel für jedes Kind zwei Mandarinen.
- Im Zahlenbuch: ein Tier aus dem Zweier-Land malen, z. B. einen Vogel.
- Zahlenweg: Auf die Fliese der Eins wird ein Steinchen/eine Murmel etc. gelegt und auf die Fliese der Zwei werden nun auch zwei Steinchen/zwei Murmeln etc. gelegt.
- Von der zweiten Stufe einer Treppe herunterspringen.
- Kopf oder Zahl spielen (mit einer Münze).
- So so reden reden wie wie Zwei Zwei.
- Neue Geschichten erzählen.

27

DREI - Ein Besuch im Reiche Neptuns

Wie ihr wisst, hat jede Zahl in der Zahlenstadt ein Häuschen. Bei Eins grast ein Einhorn im Garten. Zwei hat zwei hohe Bäume vor der Tür mit vielen Vögeln darin. Ab und zu jagt der Hund die Katze den Baum hinauf und die Katze versucht, einen der Vögel zu fangen. Aber kaum ist sie oben, fliegen die Vögel davon. Zum Glück gibt es direkt nebenan einen Garten, wo sie sicher landen können. Dort steht ein Häuschen, das hat nur drei Ecken! Was meint ihr, wer in dem Häuschen wohnt? Die Drei! Bei Drei ist alles dreieckig: das Gartentor, der dreibeinige Tisch und das Badezimmer. Wollt ihr wissen, warum die Vögel bei Drei so sicher landen

können? In den Dreiergarten kommt man nur zu dritt hinein. Ein Hund und eine Katze sind zusammen nur zwei Tiere, sie können den Garten also nicht betreten. Es sei denn, sie wären so schlau und würden das Einhorn aus dem Einsergarten herauslassen. Dann wären sie zu dritt. Ein Hund, eine Katze und ein Einhorn. Aber so eine schwierige Rechenaufgabe kann weder ein Hund noch eine Katze lösen. Deshalb fühlen sich die Vögel im Dreiergarten sicher.

Neulich stattete ich Drei einen Besuch ab. Drei schöne Federn brachte ich ihr mit, eine rote, eine gelbe und eine blaue. Dreimal klopfte ich an ihre dreieckige Haustür. Auf einem dreieckigen Stuhl nahm ich Platz. Höflich bot mir Drei etwas zu trinken an. Als ich drei Schlucke fürchterlich süßen Dreierlikör getrunken hatte, musste ich schnell ins Bad. Dort blickte ich in einen dreieckigen Spiegel. Plötzlich veränderte sich mein Gesicht! Mir wuchs ein Schnurrbart und auf dem Kopf trug ich einen dreieckigen Hut mit einer roten, einer gelben und einer blauen Feder. Der Boden unter meinen Füßen begann zu schwanken. Verwirrt sah ich mich um. Ich war mitten im Ozean auf einem Segelschiff, das hatte drei riesengroße Segel. Hoch oben am mittleren Mast flatterte eine Fahne mit drei gekreuzten Säbeln. „Dreimal schwarzer Kater", dachte ich, „ich bin auf einem Seeräuber-Schiff!"

Ein zerlumpter Kerl kam auf mich zu. Mit rauer Stimme sagte er: „Hei-ho, Kapitän, soll ich vor Anker gehen?" Ich nickte ihm einfach zu. „Jo-ho, Kapitän", ließ der Matrose nicht locker, „auf Schatzsuche übers Meer der Unendlichkeit zu segeln ist das Schönste!" Wieder nickte ich ihm zu. „Käpt'n", rief der Kerl, „deine Taucherglocke liegt dort drüben für dich bereit!" „Oje", dachte ich, „jetzt muss ich auch noch tauchen!" Aber ich konnte doch nicht einfach zugeben, dass ich gar kein Seeräuber war. Der Kerl hätte mich glatt über Bord geworfen! Also stülpte ich mir die Taucherglocke über und sprang ins Wasser.

Platsch! – schlugen die Wellen über mir zusammen. Immer tiefer ging es hinab. Dreißig Minuten dauerte es, bis ich am Meeresgrund angelangt war. Bunte Fische schwammen um mich herum und ein neugieriges Seepferdchen guckte mir ins Gesicht. Was kam denn da für ein seltsamer Mann auf mich zu – halb Mensch und halb Fisch? Mit einem Dreizack winkte er mir, ihm zu folgen. Vor einer Höhle machte er Halt.

„Sterblicher", sagte er, „es ist dir gelungen, Neptuns Reich zu betreten. In dieser Höhle liegt der Schatz, nach dem du suchst. Wenn du ihn an dich nimmst, musst du für immer auf dem Grund des unendlichen Ozeans bleiben." Ich erschrak. Keineswegs wollte ich für immer bei Neptun bleiben! „Du hast die Wahl", fuhr Neptun grimmig fort. „Drei Wünsche will ich dir erfüllen, wenn du den Schatz in der Höhle nicht anrührst." „Ich habe mich für die drei Wünsche entschieden!", blubberte ich. „Dann wähle", dröhnte Neptun, „aber wähle gut!"

„Ich wünschte", begann ich, „du wärst mir wohl gesonnen!" „Dein erster Wunsch sei dir erfüllt", lachte Neptun mich freundlich an. „Zum Zweiten wünschte ich, ich wäre kein Seeräuber mehr!" „Es sei dir gewährt", sagte Neptun feierlich. „Drittens wünschte ich", blubberte ich weiter, „ich wäre zu Hause!" „Auch dein dritter Wunsch soll in Erfüllung gehen", sagte Neptun. Ein Wink seines Dreizacks trieb mich so schnell durchs Wasser, dass ich die Augen schließen musste. Als ich sie wieder öffnete, blickte mir aus dem dreieckigen Spiegel mein gewohntes Gesicht entgegen.

„Das war knapp!", sagte ich zu mir. „Was denn?", fragte Drei, die meine letzten drei Worte gehört hatte. „Ach, nichts", sagte ich beiläufig, „einen merkwürdigen Spiegel hast du im Bad." Bald darauf machte ich mich auf den Heimweg. Als ich die Zahlenpromenade entlangging, schwankte der Boden noch drei Minuten lang unter meinen Füßen, aber als ich schließlich zu Hause ankam, war alles wieder gut.

Im Dreier-Land

3 Einrichten der Zahlengärten bis 5

Der dritte Termin steht unter dem Motto: Wer oder was darf alles ins Dreier-Land? Ein Dreirad darf hinein. Und ein Fahrrad? Natürlich nicht! Hinein dürfen (selbst hergestellte) Dreiecke, eine Triangel, ein Bild von Drillingen, ein dreiblättriges Kleeblatt, eine kleine Kuchengabel mit drei Zinken oder ein Dreimaster.

Eins, zwei drei,
im Meer schwimmt ein Hai,
im Urwald gibt es Schlangen
und du musst fangen!

Ein Strategiespiel auf dem Zahlenweg

Bei diesem anspruchsvollen Zahlenwettkampf bildet das Verständnis der Dreierreihe den Schlüssel zum erfolgreichen Spielen. Dies sollte man den Kindern jedoch nicht sagen, sondern darauf warten, ob die Kinder nach zahlreichem Wiederholen selbst auf geschickte Spielstrategien kommen. Zunächst teilt man die Kinder in zwei Gruppen ein. Dann legt man fest, wie lang der Zahlenweg sein soll (empfohlene Länge 10, aber auch 9 oder 12 oder andere Längen sind möglich). Nun wird ausgelost, wer beginnen darf. Die Kinder werden als „lebende Spielsteine" auf den Zahlenweg gestellt. Es dürfen sich immer ein oder zwei Kinder aus einer Gruppe auf die nächsten Zahlenfelder stellen. Diese Entscheidung muss die Gruppe treffen. Gewonnen hat die Gruppe, die die letzte Zahl auf dem Zahlenweg belegt. Welche Gruppe gewinnt, hängt von zwei Faktoren ab: wer anfängt und vom geschickten Setzen. Man kann natürlich auch normale Spielgegenstände benutzen, allerdings macht es den Kindern viel Spaß, „lebende Spielsteine" zu sein.

Abzählreime für die Zahl Drei

Eins, zwei, drei,
und du bist frei.

Eins, zwei drei,
alt ist nicht neu,
neu ist nicht alt,
heiß ist nicht kalt,
kalt ist nicht heiß,
schwarz ist nicht weiß,
hier ist nicht dort,
du musst jetzt fort!

Zauber-Drei

Alle Kinder laufen wild durcheinander durch das Zahlenland. Die Zahlenfee macht sich mit einer Zahl, zum Beispiel der Zahl 3, bemerkbar (sie ruft laut „drei", klatscht dreimal in die Hände oder hebt gut sichtbar die Zahlenpuppe hoch). Nun müssen sich sofort Dreiergruppen finden und gegenseitig an den Händen halten. Falls Kinder keine Partner mehr

finden, so dürfen sie die Zahlenfee an den Händen halten. Die Zahlenfee sollte natürlich auch hin und wieder nur einmal oder zweimal klatschen.

Flaschenmusik

Drei gleich große Flaschen, die auf gleichem Stand mit Wasser gefüllt sind, machen beim Hineinblasen drei annähernd gleiche Töne. Füllt man unterschiedlich viel Wasser hinein, entstehen drei unterschiedliche Töne. Die Flaschen können mit Wasser immer wieder auf eine neue Höhe gefüllt und damit gestimmt werden, z. B. auf einen Dreiklang. Mit diesen Flaschen gibt es sehr viele Spielmöglichkeiten:

- ein Kind bläst nacheinander die drei verschiedenen Töne (hoch-mittel-tief, hoch-tief-mittel),
- alle Kinder raten mit geschlossenen Augen, welcher Ton am höchsten/tiefsten ist,
- drei Kinder lassen zusammen einen Dreiklang entstehen,
- die Kinder blasen die Melodie des Dreier-Liedes nach.

Telefonzentrale

Vielleicht gelingt es Ihnen, einen alten Telefonapparat mit einer Wählscheibe aufzutreiben. Er eignet sich hervorragend für die unterschiedlichsten Spiele. Die Kinder stehen hintereinander vor einem Tisch. Ein Kind ist der Vermittler in der Telefonzentrale und sitzt am Tisch vor dem Telefon. Das Kind, welches ihm gegenübersteht, sagt laut: „Ich möchte die Nummer 1, 2, 7." Drei Ziffern können sich die Kinder eine gewisse Weile merken, mit mehr Ziffern wird es schwieriger. Der Vermittler wählt nun. Danach werden die Rollen getauscht und der Vermittler stellt sich hinten an.

Mittendurch

Je drei Kinder spielen zusammen. Immer zwei bleiben im Abstand zwischen 1 und 3 Metern stehen und das dritte Kind rennt zwischen den beiden hindurch. Nun bleibt dieses Kind stehen und eines der beiden anderen rennt durch die neu entstandene Lücke. Die Kinder starten immer in der gleichen Reihenfolge. Dieses Spiel kann endlos gespielt werden.

VIER –
Vier ist krank

 Neulich spazierte ich wieder einmal über die Zahlenpromenade. Ich ging am ersten Häuschen vorbei, dann am zweiten und dritten und gelangte schließlich zu einem weiteren Häuschen. Dort blieb ich stehen und guckte über den Gartenzaun. Was habe ich dort wohl gesehen?

Das Häuschen der Zahl Vier! Aber wie sah es bloß aus? Es war völlig schief und krumm wie die Hütte von Kuddelmuddel! Die Tür stand sperrangelweit offen und ich konnte direkt ins Wohnzimmer schauen. Dort lag Vier auf dem Sofa. Sie hatte einen dicken Verband um den Kopf und ein Thermometer im Mund.

„Auauauau", stöhnte sie, „tut das weh!" Besorgt eilte ich zu ihr: „Was ist denn mir dir los? Bist du krank?" „Jauauauau", jammerte sie, „seit ich von meiner vierten Reise zurück bin, geht es mir miserabel! Der Kopf tut weh, die Nase läuft und meine Beine fühlen sich an wie Eisklötze. Oioioioi, ich armes Würstchen!" Wider Willen musste ich lachen. „Du bist doch kein Würstchen", sagte ich, „du hast eine Erkältung. Ich koche dir einen Gesundheitstee, dann geht es dir wieder gut!"

Vier nickte vier Mal und steckte die Nase ins Kissen. Gleich ging ich in die Küche und suchte mir alles zusammen, was man für einen Erkältungstee braucht. Allerdings war das gar nicht so einfach, denn auch in Viers Küche herrschte ein heilloses Durcheinander. Der viereckige Tisch stand wackelig auf drei Beinen. Von vier Teetassen lag eine in Scherben am Boden, und als ich den viereckigen

Wassertopf auf den Herd stellte, sah ich durchs zerbrochene Küchenfenster, wie Kuddelmuddel über den Gartenzaun hüpfte. Lachend knabberte er an einer Schokoladentafel, schwang sich aufs Fahrrad und radelte fort.

„Kein Wunder", dachte ich, „hier hat der Kobold leichtes Spiel." Ich ging in den Garten und suchte im rechteckigen Kräuterbeet die Zutaten für meinen Gesundheitstee zusammen: vier Blätter Pfefferminze, vier Kamillenblüten, vier Stängel Schnittlauch und vier Knollen Süßwurz. Als das Teewasser kochte, gab ich meine Zutaten hinein. Nun, habt ihr aufgepasst? Mit wie vielen Zutaten habe ich den Tee zubereitet? Nachdem der Tee vier Minuten lang gezogen hatte, tat ich vier Löffel Honig hinein, rührte vier Mal um und sagte:

Kuddelmuddel – welch ein Schreck –
zaubert mir die Zahlen weg!
Komm herbei, Vergissmeinnicht,
jage fort den Bösewicht!

Kaum hatte ich die vier Zeilen meines Zauberspruchs aufgesagt, fing der Tee in der Tasse an zu leuchten! Er roch auch nicht mehr nur nach Pfefferminz, Kamille, Schnittlauch und Süßwurz, sondern hatte einen ganz feinen Duft von Vergissmeinnicht. „Vielen Dank, gute Fee", sagte ich. Dann servierte ich den Tee der kranken Vier. Vier Schlückchen trank sie, dann setzte sie sich auch schon auf, riss sich den Verband vom Kopf und rief: „Jetzt bin ich wieder gesund!" „Das ist schön", sagte ich. „Wo hast du dir denn die Erkältung zugezogen?" „Komm, wir setzen uns in die Küche", sagte Vier, „da ist es vier Mal gemütlicher. Dort erzähle ich dir alles."

Als ich ihr in die Küche folgte, staunte ich sehr, denn alles war wieder an seinem Platz! Der Tisch hatte vier Beine, das zerbrochene Fenster und die Teetasse waren wieder ganz. „So", sagte Vier vergnügt, „mach es dir gemütlich. Du musst wissen, ich bin viel unterwegs. Vier Mal im Jahr, um genau zu sein." „Wohin fährst du denn immer?", fragte ich. „Ich habe ein hübsches Ferienhäuschen", erklärte Vier, „mit einem vier Mal vier Meter großen Garten, da gibt es immer etwas zu tun:

Im Frühling pflüge ich die Erde um und streue vier verschiedene Sorten Samen hinein.

Im Sommer gebe ich jeder Pflanze vier Liter Wasser, damit sie nicht verdurstet.

Im Herbst kehre ich das bunte Laub zusammen, das der Wind in alle vier Himmelsrichtungen fortgeblasen hat: nach Norden, Süden, Osten und Westen.

Im Winter mache ich Feuer im Kamin, sonst ist es im Wohnzimmer so kalt wie in der Antarktis.

Bei meiner letzten Reise hatte ich weder meine Strümpfe, die Mütze, den Schal noch den Mantel dabei. So habe ich mich erkältet. Aber zum Glück bist du vorbeigekommen und hast mich gesund gemacht. Dafür will ich dir etwas schenken."

Vier winkte mir, ihr in den Garten zu folgen. Suchend bückte sie sich zum Gras hinunter. Als sie sich wieder aufrichtete, streckte sie mir ein vierblättriges Kleeblatt entgegen. „Das soll dir Glück bringen!"

Ich freute mich sehr über das schöne Geschenk und verabschiedete mich von Vier, indem ich ihr vier Sekunden lang die Hand schüttelte.

Im Vierer-Land

Einrichten der Zahlengärten

Der vierte Termin steht unter dem Motto: Wer oder was darf alles ins Viererland und warum? Ein Blatt Papier (4 Seiten), ein Bilderrahmen, jedes Quadrat oder Rechteck, ein Bild von einem Tisch oder Stuhl (4 Beine), ein Spielzeugauto (4 Räder), ein vierblättriges Kleeblatt, …

Übungen auf dem Zahlenweg

Mithilfe des Zahlenwegs eignen sich die Kinder im wahrsten Sinne Schritt für Schritt die Zahlen an. Eine erste gezielte Konzentrationsübung kann folgendermaßen aussehen: Die Kinder bleiben beim Gehen auf einer Zahl stehen und sagen dabei laut (eventuell mit geschlossenen Augen), auf welcher Zahl sie sich gerade befinden. Diese Aufgabe erscheint einfach. Das ist sie jedoch nicht zwingend, da die Kinder ihren Zählrhythmus unterbrechen müssen und dann erst neu starten dürfen. Dazwischen müssen sie eine Gedächtnisleistung erbringen. Diese Übung sollte so oft wie möglich wiederholt werden, bis die Kinder sie sicher beherrschen.

Abzählreime für die Zahl Vier

Eins, zwei, drei, vier,
auf dem Klavier
steht ein Glas Bier,
einer trinkt es aus
und du bist raus.

Eins, zwei, drei, vier, Eckstein,
wer nicht will, muss weg sein.

Eins und zwei und drei und vier,
viele Blumen pflück ich dir.
Das wird ein bunter Blumenstrauß,
lauf und bring ihn schnell nach Haus.

Eins, zwei, drei, vier,
auf dem Klavier
läuft eine Maus
und du bist raus.

Wir bauen einen Spezialwürfel

Da ein Würfel immer sechs Seitenflächen hat, besitzt ein Spielwürfel „normalerweise" auch immer sechs unterschiedliche Augenzahlen. Bei manchen Spielen kann es aber sinnvoll sein, nur mit den ersten vier Augenzahlen zu würfeln und zwei neue „Ereignisse" hinzuzunehmen: ein schlechtes und ein gutes. Natürlich wird das gewünschte Ereignis durch die Zahlenfee Vergissmeinnicht und das unerwünschte durch den Kobold Kuddelmuddel dargestellt. Solch einen Würfel herzustellen ist nicht schwer: Man überklebt einfach das Fünfer- und das Sechserfeld – und malt mit einem Buntstift ein lachendes und ein trauriges Gesicht darauf.

Zocken

Die Kinder teilen sich in zwei Gruppen und verteilen gleichmäßig 16 Gegenstände (z. B. Murmeln, Cent-Stücke, Eicheln oder Kastanien), sodass jede Gruppe genau 8 erhält. Nun wird „gezockt": Zuerst wird mit einem Viererabzählreim ausgelost, wer beginnt. Das erste Kind würfelt mit dem Spezialwürfel. Dann dürfen dem Gegner entsprechend der gewürfelten Augenzahl Gegenstände weggenommen werden. Gewürfelt wird abwechselnd, bis eine Gruppe keine Gegenstände mehr hat. Bei Kuddelmuddel muss man dem Gegner drei Gegenstände abgeben und bei Vergissmeinnicht bekommt man drei. Oder bei Kuddelmuddel muss man fünfmal hüpfen und bei Vergissmeinnicht darf man denjenigen, der gerade gewürfelt hat, vorsichtig (!) an der Nase ziehen. Lustig ist es auch, wenn die Kinder selbst die Regeln erfinden, was im Falle des Erwürfelns von Kuddelmuddel oder Vergissmeinnicht passieren soll.

Zahlenmusik

Die Zahlenfee oder auch die Kinder selbst musizieren für die Zahlenpuppen. Die Kinder halten sich in den verschiedenen Zahlengärten, zum Beispiel bis zur Zahl Vier, auf und geben sich jeweils dann zu erkennen, wenn die Musik eine Entsprechung zu den Zahlen hat. So rufen die Kinder, die sich im Zahlengarten der Zahl Vier befinden „Hier ist die Vier", wenn die Zahlenfee oder ein anderes Kind mit der Trommel oder mit der Flöte vier Töne hintereinander spielt. Entsprechend wird bei anderen Anzahlen von Tönen verfahren: „Hier ist die zwei" ruft es aus dem Zweiergarten, wenn zwei Töne zu hören waren.

Tipp:
Dieses Spiel lässt sich sowohl mit immer dem gleichen Grundton als auch mit Harmonietönen (z. B. Dreiklang Dur C E G oder Moll D F A) oder mit Tonleitertönen spielen.

Vier ist krank

Es herrscht eine große Unruhe im Zahlenland, denn die Zahl Vier ist krank geworden. Vieles ist nicht mehr in Ordnung:

- alle Autos haben einen Platten,
- Tiere mit vier Beinen (Kühe, Pferde usw.) hinken,
- Tische und Stühle stehen wackelig, da ein Tisch- oder Stuhlbein zu kurz ist,
- Bilder an den Wänden hängen schief,
- Türrahmen sind schräg,
- die Menschen können nicht mehr richtig zählen und rechnen, sie zählen: 1, 2, 3, 5, 6, 7, 8…

Was ist noch alles in Unordnung geraten im Zahlenland?

Aktivitäten im Laufe der Woche

- Zahlenfrühstück: Diese Woche gibt es zum Beispiel für jedes Kind zum Zahlenfrühstück vier Nüsse.
- Im Zahlenbuch: Ein Tier mit vier Beinen malen (Pferd, Hund oder Katze), Fantasiebilder zu der kranken Vier malen, Jahreszeitenbilder malen.
- Die vier Jahreszeiten oder die vier Elemente (Wasser, Feuer, Luft und Erde) behandeln.
- Geschichten erfinden/erzählen.

FÜNF - Frau Bürgermeisters Geburtstag

 Gestern überfiel mich eine große Sehnsucht nach den Zahlen. Gleich machte ich mich auf, sie zu besuchen. Auf der Zahlenpromenade fiel mir etwas Merkwürdiges auf. Links und rechts entlang der Straße waren die Bäume mit bunten Girlanden geschmückt. Habt ihr eine Idee, was das zu bedeuten hatte?

Ich ging durchs Stadttor hindurch zum Einser-Häuschen und klopfte ein Mal an die Tür. Nichts rührte sich. Da ging ich zum Zweier-Häuschen und klopfte zwei Mal. Zwei war auch nicht zu Hause. Bei Drei klopfte ich ganz laut und wartete drei Minuten. Niemand ließ mich ein. Langsam machte ich mir Sorgen. Bei Vier hatte ich mehr Glück. Gleich kam sie angerannt. „Hab' keine Zeit", rief sie, „muss mich beeilen. Unsere Bürgermeisterin hat Geburtstag und feiert ein großes Fest. Komm doch mit, die anderen Zahlen sind auch dort!"

Ich rannte hinterdrein. Ganz außer Atem kamen wir auf dem Marktplatz an. Überall hingen bunte Fähnchen und Girlanden und es regnete Konfetti. „Ein Hoch auf unsere Bürgermeisterin!", riefen Eins, Zwei, Drei und Vier, und ich rief ebenfalls „Hoch! Hoch!". Dabei hatte ich Fünf doch noch nie gesehen! „Wo ist sie denn?", fragte ich Zwei, die mit zwei Fähnchen winkte. „Daheim daheim natürlich natürlich", entgegnete diese und winkte weiter, „in in dem dem großen großen Haus Haus."

Endlich entdeckte ich es. Es sah ein wenig ungewöhnlich aus mit seinen fünf fünfeckigen Fenstern und der fünfeckigen Tür. „Warum geht ihr nicht hinein?", fragte ich, „ist es denn verboten, der Bürgermeisterin persönlich zu gratulieren?" „Im

Gegenteil", sagte Drei und warf drei Konfetti in die Luft, „wir sind sogar eingeladen, aber wir kommen nicht hinein!" „Das verstehe ich nicht", sagte ich, „ihr werft mit Konfetti, winkt mit bunten Fähnchen und es gelingt euch nicht, durchs Tor zu gehen?" „Genau", rief Eins, „dabei geben wir uns doch so große Mühe! Vielleicht sieht Fünf uns ja durch ein Fenster und kommt heraus!"

Auf einmal stupste mich jemand von hinten. „Platz da", sagte ein fremder Junge. „Mach doch selber Platz", entgegnete ich. „Was ist denn das für eine unfreundliche Art?" „Entschuldigung", sagte der Junge etwas höflicher, „aber wir sind spät dran. Würdest du uns bitte durchlassen?" Ich trat zur Seite und sah vier weitere Kinder, die sich ihren Weg durch die Menge bahnten. Außer dem Jungen waren da noch ein kleines und zwei etwas größere Mädchen und ein kleinerer Junge. Sie gingen an uns vorbei durch das fünfeckige Tor ins Rathaus hinein. „Das ist gemein", schimpfte Eins, „wir wollen auch hinein! Wartet auf uns!" Aber die fünf Kinder waren schon verschwunden. „Was sollen wir denn tun?", fragte Drei ärgerlich. „Ich ich weiß weiß auch auch nicht nicht", sagte Zwei wütend. „Aber ich", lachte ich vergnügt. „Ich weiß, wie ihr hineinkommt." „Wie denn?", riefen die Zahlen erwartungsvoll. „Ganz einfach", erklärte ich. „Ihr müsst versuchen, eine Fünf zu bilden." „Wie soll das denn gehen?", wollte Eins wissen. Da hatten die Zahlen aber eine schwierige Rechenaufgabe zu lösen! Könnt ihr ihnen helfen?

Genau! Eins nahm Vier an die Hand, denn eins und vier macht zusammen fünf. Zwei nahm Drei an die Hand, denn zwei und drei ergibt ebenfalls fünf. So marschierten sie durchs fünfeckige Tor. Ich

selbst hob fünf Konfetti auf und folgte ihnen. Endlich hatten sich alle Gäste versammelt. Fünf saß
am Ende einer langen Geburtstagstafel. Ihre Gäste
standen verlegen herum. Schließlich fasste sich Eins
ein Herz, trat auf Fünf zu und überreichte ihr eine
Trommel. „Zum Geburtstag alles Gute", sagte sie.
Danach gratulierte Zwei mit zwei silbernen Glöckchen. Drei brachte drei schöne Federn mit und Vier
überreichte Fünf einen Apfel, eine Birne, eine Ka-
rotte und eine Nuss. „Alles aus meinem Garten!",
sagte sie.

Fünf bedankte sich für die Geschenke und stellte
die fremden Kinder vor: Der erste Junge kam aus
Europa. Er schenkte Fünf eine blaue Fahne mit einem goldenen Kreis
aus lauter Sternen. Das
kleine Mädchen kam aus Asien. Es schenkte Fünf
ein Paar bunt bemalte Ess-Stäbchen. Das erste der
größeren Mädchen kam aus Afrika. Es schenkte
Fünf eine braune Kokosnuss. Der kleine Junge kam
aus Australien. Er überreichte Fünf ein hölzernes
Känguru. Das letzte Mädchen kam aus Amerika.
Es brachte Fünf einen mit Adlerfedern geschmück-
ten Hut mit. Fünf erhob sich und sagte: „Aus fünf
Kontinenten seid ihr angereist, und meine Zahlen-
freunde sind auch da! Lasst uns zusammen feiern
und fröhlich sein!" Dann feierten wir bis tief in die
Nacht.

Im Fünfer-Land

Einrichten der Zahlengärten

Der fünfte Termin steht unter dem Motto: Wer oder was darf alles ins Fünfer-Land? Ein Handschuh mit fünf Fingern darf hinein. Auch ein fünfzackiger Stern (ein so genanntes Pentagramm) und natürlich ein Seestern. Wer findet eine Blüte mit fünf Blütenblättern?

Übungen auf dem Zahlenweg

Erst wenn die Geh-Übungen gefestigt sind, sollte der Schwierigkeitsgrad der Übungen auf dem Zahlenstrahl angehoben werden.

Eine mögliche Erweiterung besteht darin, dass die Kinder den Zahlenweg mit verbundenen Augen gehen. Dann bleiben sie stehen und sagen, auf welcher Zahl sie stehen, welche davor und welche direkt dahinter ist.

Tipp:

Kinder verlieren schnell die Lust am Spielen, wenn man sie ständig belehren möchte. Stattdessen kann als methodische Hilfestellung das Prinzip „Lernen am Modell" angewandt werden: Ein Erwachsener geht auf dem Zahlenstrahl und spricht dazu laut seine Gedanken: „Eins, zwei, drei… ich stehe jetzt auf der 6, vor mir ist die 7 und hinter mir? Wer kann mir helfen?"

Abzählreime für die Zahl Fünf

Eins, zwei, drei, vier, fünf,
der Storch hat rote Strümpf,
der Frosch hat kein Haus
und du musst raus!

Eins, zwei, drei, vier, fünf,
mach dich auf die Strümpf,
mach dich auf die Schuh,
sonst bist du!

Zahlenraten

Die Zahlenfee leitet ein geheimnisvolles Spiel an. Sie führt eine beliebige Tätigkeit mehrmals hintereinander immer in der gleichen Anzahl aus: Kniebeugen machen, Nase putzen, Türe öffnen oder schließen, hüpfen oder ihren Hut auf- und absetzen. Die Kinder müssen nun durch leises Mitzählen erraten, welches die geheime Zahl ist. Die Kinder, die meinen, die richtige Zahl zu wissen, dürfen jedoch kein Sterbenswörtchen von sich geben, sondern zeigen die geheime Zahl mit ihren Fingern an oder gehen ganze leise in den entsprechenden Zahlengarten. Natürlich können die Kinder dieses Zahlenraten auch selbst anleiten. Dazu zieht ein Kind ein Kärtchen aus einer Schachtel, auf denen die Zahlen von 1 bis 5 oder später auch von 1 bis 10 stehen.

Wächter

Am Tor zum Garten der „Fünf" regelt ein Wächter den Eintritt: Es dürfen nur zur Zahl passende Dinge und Lebewesen hinein. Die Kinder werden gefragt, was an ihrem Körper fünfmal vorkommt (Finger und Fußzehen, fünf aufgeklebte Punkte auf der Nase usw.). Auch fünf Kindern, die sich an der Hand nehmen, wird der Zutritt erlaubt. Und natürlich dürfen die Zahlen paarweise hindurch: die 1 mit der 4 und die 2 mit der 3.

Fühlsäckchen

Füllen Sie ein Säckchen mit kleinen Gegenständen, z. B. Haselnüssen, Eicheln oder Murmeln. Die Kinder greifen hinein und holen – nach Ihrer Anweisung – genau fünf oder vier, drei, zwei oder einen Gegenstand mit einem Griff heraus. Man kann auch in das erste Säckchen eine Murmel, in das nächste zwei usw. legen. Die Kinder haben dann die Aufgabe, die Säckchen der Größe nach zu ordnen und sie auf den Zahlenweg zu legen. Dann öffnen sie die Säckchen und überprüfen die Anzahl.

Eine weitere Möglichkeit ist, die Fühlsäckchen mit geometrischen Formen (z. B. Kreis, Ellipse, Dreieck, Quadrat bis hin zum regelmäßigen Fünfeck) zu füllen. Die Formen sollten aus dickerem Karton ausgeschnitten sein. Die Kinder haben dann die Aufgabe, die Formen zu erfühlen.

Auch barfuß fühlen ist möglich und macht den Kindern sehr viel Spaß: Die Kinder sitzen im Kreis. Jedes Kind bekommt der Reihe nach die Augen verbunden. Danach soll es mit seinen Fußsohlen eine bereitgestellte Menge an Gegenständen, die z. B. in einer Plastikschüssel liegen, erfühlen und benennen.

Tipp:

Schön ist es, wenn dieser Wächter seine Aufgabe an einem richtigen Zahlentor verrichtet. Solche Zahlentore können recht einfach selbst konstruiert werden. Mit Holzstäben, die durch Gummischlauchverbindungen oder eine spezielle Knetmasse zusammengehalten werden, lassen sich auch größere Dreiecke, Vierecke usw. konstruieren. Regelmäßige Vielecke sind als entsprechende Eingangstore zu den Zahlengärten ohne größeren Aufwand herzustellen.

Zahlenketten

Grundsätzlich kann man zu jeder Zahl passende Perlenketten basteln, die auch als Einrichtungsgegenstände für die Zahlengärten dienen können. Für die Zahl Fünf könnte dies etwa so aussehen: Fünf rote Perlen und fünf grüne Perlen wechseln sich immer ab. Je nach Jahreszeit können auch essbare Ketten hergestellt werden. Dazu wechseln sich beispielsweise fünf Birnenschnitze mit fünf Apfelschnitzen oder Feigenschnitzen ab. Die Ketten können über der Heizung getrocknet werden.

Aktivitäten im Laufe der Woche

- Zahlenfrühstück: Diese Woche gibt es zum Beispiel für jedes Kind zum Zahlenfrühstück fünf Radieschen.
- Im Zahlenbuch: einen Seestern malen (5 Arme).
- Die fünf Kontinente auf der Karte anschauen.
- Kinder auf den 5 Kontinenten.
- Die fünf Sinne thematisieren.

SECHS - In der Wüste der Vergesslichkeit

Neulich besuchte ich wieder einmal das schöne Zahlenland. Kaum war ich dort angelangt, radelte mir auch schon Kuddelmuddel entgegen. „Was willst du?", fragte ich. „Nichts, gar nichts", antwortete er und fuhr lachend ganz knapp an mir vorbei, sodass ich ihm ausweichen musste. Was das wohl zu bedeuten hatte? Ganz in Gedanken versunken ging ich die Zahlenpromenade entlang, machte drei Schritte vor, dann vier zurück, einen Schritt vor, dann wieder fünf zurück, zwei Schritte vor und zwei zurück und – oh Schreck! – auf einmal wusste ich nicht mehr, wo ich war. Ich hatte mich total verlaufen! Als ich mich umschaute, war alles fort: die Zahlenpromenade, das Stadttor, die Zahlenhäuser – alles war verschwunden! Um mich herum gab es nur noch riesige Sandhügel, und die Sonne brannte mir ins Gesicht. Ich war in die Wüste der Vergesslich-

keit geraten! Kein Baum und kein Strauch waren zu sehen, nirgends gab es Schatten. Von der fürchterlichen Hitze bekam ich nach sechs Minuten einen trockenen Mund und ich hatte großen Durst. Was konnte ich bloß tun, um aus dieser Wüste wieder herauszukommen? Habt ihr vielleicht eine Idee?

Kommt, wir sagen den Spruch gemeinsam auf:

*Kuddelmuddel – welch ein Schreck –
zaubert mir die Zahlen weg!
Komm herbei, Vergissmeinnicht,
jage fort den Bösewicht!*

Auf einmal hörte ich in der Ferne jemanden verzweifelt seufzen. Es hörte sich schaurig an. Das klang ja nicht gerade nach der guten Fee Vergissmeinnicht! Rasch

kletterte ich auf eine der Sanddünen. Was meint ihr, was ich da entdeckte?

Einen Maler sah ich dort! Vor sich hatte er eine Staffelei mit einem Malblock. In der linken Hand hielt er eine Palette, in der rechten einen Pinsel. Ab und zu malte er seufzend einen bunten Klecks aufs Papier. „Hallo!", rief ich erleichtert.

Der Maler wandte sich um. „Hallo", grüßte er zurück, „Sechs ist mein Name. Und wer bist du?" „Ich heiße … und habe mich verirrt", entgegnete ich. „Außerdem habe ich großen Durst." „Komm her", nickte Sechs mir zu, „hier kannst du deinen Durst stillen." „Das ist aber ein Glück!", rief ich. „Wenn ich dich nicht getroffen hätte, wäre ich hier verdurstet!" „Du hast tatsächlich Glück", sagte Sechs und streckte mir eine große Flasche Wasser entgegen, „wenn es in der Zahlenstadt nicht regnen würde, wäre ich heute nicht hier." „Das verstehe ich nicht", sagte ich verwundert, nachdem ich sechs große Schlucke getrunken hatte. „Was hat denn der Regen in der Zahlenstadt damit zu tun?" „Schau doch einmal dort hinüber, dann siehst du es", antwortete Sechs.

Ich lenkte meinen Blick in die Richtung, in die sie deutete. Was war denn das? Am Horizont hingen dicke Regenwolken. Hier über uns der strahlend blaue Himmel, dort lauter Regenwolken! Davor flimmerte es bunt: Die Sonnenstrahlen hatten einen schillernden Regenbogen in die Luft gemalt. „Fantastisch!", rief ich. „Jetzt verstehe ich, weshalb du hier bist. Du willst den Regenbogen malen!"

„Stimmt", sagte Sechs traurig. „Leider jedoch habe ich nur drei Farben: Rot, Blau und Gelb. Wie soll ich denn da einen Regenbogen malen?" „Ich weiß, wie ich dir helfen kann!", sagte ich zu ihr. „Gib mir doch bitte die Palette und den Pinsel."

Auf der Palette gab es rote, blaue und gelbe Farbe. Zuerst wusch ich den Pinsel mit Wasser aus. Dann tauchte ich ihn in die rote Farbe und malte einen roten Klecks aufs Papier. Danach tauchte ich ihn in die gelbe Farbe und malte einen gelben Klecks aufs Papier. Schließlich malte ich mit blauer Farbe einen blauen Klecks. Jetzt gab es ein Dreieck aus Kleksen auf dem Papier. Nun tauchte ich den Pinsel wieder ins Wasser und vermalte die farbigen Ränder zwischen Rot und Gelb. „Ei!", rief Sechs erstaunt, „Rot und Gelb ergeben ja zusammen Orange!" Ich nickte und vermalte die farbigen Ränder zwischen Rot und Blau.

„Rot und Blau ergibt Violett!", sagte Sechs fassungslos. Als ich zum Schluss Blau und Gelb miteinander vermischte, jubelte sie: „Das ergibt Grün! Juchhu! Rot, Orange, Gelb, Grün, Blau und Violett. Jetzt kann ich den Regenbogen malen!"

Als das Bild fertig war, wanderten wir in Richtung Regenbogen zur Zahlenstadt. Ihr könnt euch nicht vorstellen, wie froh ich war, aus der Wüste der Vergesslichkeit wieder herauszukommen! Zusammen tanzten wir auf der Straße im Regen herum, platschten durch die Pfützen und bewunderten den schönen Regenbogen, der über dem sechseckigen Häuschen schwebte. Seine sechs schillernden Farben Rot, Orange, Gelb, Grün, Blau und Violett hatten uns glücklich aus der der Wüste der Vergesslichkeit herausgeführt.

Im Sechser-Land

6

Einrichten der Zahlengärten

Der sechste Termin steht unter dem Motto: Wer oder was darf alles ins Sechser-Land?

Ein kleiner Eierkarton für sechs Eier, ein Würfel (sechs Flächen), Bilder von Käfern (6 Beine), Bienenwaben (sechs Ecken), ein Bild eines sechsfarbigen Regenbogens, …

Übungen auf dem Zahlenweg

Bei den Übungen auf dem Zahlenweg geht es immer darum, den Kindern möglichst vielfältige Bewegungserfahrungen im Zusammenhang mit den Zahlen zu ermöglichen. Bei dem folgenden Zahlenhüpfspiel müssen die Kinder ganz gezielt ihre Wahrnehmung auf die als Nächstes folgende Zahl ausrichten. Die Fliesen des Zahlenwegs (bis 6 oder auch darüber hinaus) werden im Zahlenland in zufälliger Reihenfolge hingelegt. Die Kinder suchen nun die richtige Reihenfolge der Zahlen und springen – beginnend mit der 1 – von Zahl zu Zahl.

Abzählreim zur Zahl Sechs

Eins, zwei, drei, vier, fünf, sechs,
in der Burg, da sitzt 'ne Hex.
Die Burg hat viele Zinnen,
wohnt auch noch ein Riese drinnen,
Fällt der Ries' den Berg hinab,
bricht er sich die Beine ab.
Doch geht er auch ohne Bein' –
die Hex kann zaubern! Du sollst sein.

Augenzahlen fühlen

Besorgen Sie sich dicken Karton und einen Bogen Schmirgelpapier. Aus dem Schmirgelpapier schneiden Sie mit einer alten Schere 21 Punkte aus, die etwa die Größe eines 50-Cent-Stücks haben. (Achtung: Die Schere wird dabei stumpf!) Nun kleben Sie auf sechs Kartonstücke die Punkte so auf, wie sie auf einem Würfel abgebildet sind. Auf diese Weise entstehen „Fühlkärtchen". Die Kinder erfühlen mit verbundenen Augen die Augenzahlen auf jedem Kärtchen. Im Sommer macht das Ganze noch mehr Spaß, wenn die Kinder die Zahlen barfuß erfühlen können.

Wer ist der Schnellste?

Ab der Zahl 6 können mit einem normalen Spielwürfel Würfelspiele gespielt werden. Die Kinder haben sechs Kärtchen vor sich liegen, auf denen die Ziffern von 1 bis 6 stehen. Ein Kind würfelt, woraufhin alle Kinder die zur Augenzahl passende Ziffer hochhalten müssen.

Nimm und gewinn

Auf einem Tisch wird eine bestimmte Anzahl von Gegenständen (Murmeln, Nüsse, Münzen usw.) ausgeschüttet. Jedes Kind würfelt und darf so viele Gegenstände wegnehmen, wie es Augen gewürfelt hat. Nachdem der letzte Gegenstand weggenommen wurde, werden die gewonnenen Gegenstände verglichen. Wer am meisten besitzt, hat gewonnen. Natürlich lässt sich dieses Spiel auch in umgekehrter Logik spielen. Jedes Kind erhält einen gewissen Vorrat an Gegenständen (zum Beispiel 10, 12 oder 14). Entsprechend der gewürfelten Augenzahl darf es Gegenstände weglegen. Gewonnen hat

derjenige, der als Erster alle Gegenstände losgeworden ist. Eine besondere Schwierigkeit kann man dadurch einbauen, dass der letzte Wurf genau stimmen muss.

Unterseeboot

Für dieses lustige Würfelspiel wird ein kleines Wasserbecken, ein Löffel, ein Würfel und ein schwimmender und hohler Gegenstand (zum Beispiel ein Pflanzenuntersetzer aus Kunststoff, der Deckel eines Gurken- oder Marmeladeglases) benötigt. Der hohle Gegenstand (das Unterseeboot) wird schwimmend auf die Wasseroberfläche gelegt. Die Kinder würfeln der Reihe nach und befüllen das Boot mit Wasser. Jeder Punkt auf dem Würfel entspricht einem Löffel Wasser. Wer das Boot versenkt (und es so zum Unterseeboot macht), hat gewonnen.

Alles oder nichts

Zwei Gruppen oder zwei Kinder spielen gegeneinander. Zuerst wird eine gewisse Menge an Gegenständen (z. B. 20 Kastanien) zwischen den Gegnern geteilt und ausgelost, wer als Erstes würfeln darf. Die Augenzahl, die gewürfelt wird, darf dem Geg-

ner weggenommen werden. Dann ist dieser so lange an der Reihe, bis eine Gruppe keine Gegenstände mehr hat.

Als besondere Erschwernis kann man mit echten Geldwerten spielen. Jedes Kind erhält eine 5-Cent-Münze, zwei 2-Cent-Münzen und eine 1-Cent-Münze (oder Spielmünzen). Je nachdem, welche Zahl gewürfelt wird, muss man den entsprechenden Geldbetrag dem Gegner geben. Dabei entstehen Spielzüge, bei denen „herausgegeben" werden muss.

Regenbogen-Reigen

Wir basteln (z. B. aus Stoff oder Krepp-Papier) sechs oder zwölf Bänder in Regenbogenfarben, die restlichen Bänder sind weiß wie hellstes Sonnenlicht oder schwarz wie dunkle Regenwolken. Wir spielen Wetter: Jedes Kind wirbelt mit einem Band im Zimmer oder Garten herum, auf ein Zeichen hin bilden immer sechs Kinder einen Regenbogen, die übrigen Kinder versammeln sich auf zwei Seiten (Sonne – Regenwolken). Immer wieder werden die Bänder neu verteilt, bis jedes Kind einmal beim Regenbogen dabei war.

Aktivitäten im Laufe der Woche

- Zahlenfrühstück: Diese Woche gibt es zum Beispiel für jedes Kind zum Zahlenfrühstück sechs Gurkenscheiben.
- Im Zahlenbuch: einen Käfer malen (mit sechs Beinen).
- Verschiedene Käfer mit dem Namen kennen und sie unterscheiden lernen (Marienkäfer, Maikäfer, Kartoffelkäfer…).

SIEBEN - Durcheinander im Märchenland

Zuallererst müsst ihr wissen, dass die Zahlen dieselben Märchen kennen wie wir: die sieben Geißlein, das tapfere Schneiderlein und Schneewittchen. Wisst ihr denn, wie viele Zwerge es waren, bei denen Schneewittchen wohnte?

Ich wollte die Zahl Sieben besuchen und ihr das Märchen von Schneewittchen und den sieben Zwergen mitbringen. Als ich aber mein Märchenbuch holen wollte, war es verschwunden! Die ganze Wohnung suchte ich ab, konnte es jedoch nirgends finden. Da musste ich mich ohne Märchenbuch ins schöne Zahlenland aufmachen, denn ich hatte mich mit Sieben am siebten Tag der Woche um sieben Uhr sieben verabredet. Wisst ihr denn, wie der Tag heißt, an dem ich mich mit Sieben treffen wollte? (Sonntag!)

Ich läutete also am Sonntag, den 7.7. um sieben Uhr sieben die sieben Glöckchen am Haus Nummer 7 im Zahlenland. Nichts rührte sich. Da war ich aber enttäuscht. Dabei hatte ich mich doch so beeilt, pünktlich zu sein!

Aber was war denn das? Bimmelte da nicht eine Fahrradglocke? Da fuhr doch tatsächlich der freche Kuddelmuddel auf seinem rostigen Fahrrad vorbei. Kichernd warf er ein Päckchen über den Gartenzaun und radelte davon. Rasch hob ich das Päckchen auf. Eine krakelige Sieben stand darauf. Als ich es Sieben in den Briefkasten werfen wollte, hörte ich auf einmal viele Stimmen, die wild durcheinander riefen: „Hei ho, hei ho, wir Zwerge, wir sind froh, wir arbeiten den ganzen Tag, was auch immer kommen mag!"

44

Woher die Stimmen wohl kamen? Da hörte ich sie wieder: „Wer hat die zwei Tellerchen versteckt? Wo sind die vier Bettchen? Wo hast du die drei Gäbelchen hingelegt?" Da stimmte doch etwas nicht! Musste es nicht heißen: sieben Tellerchen, sieben Bettchen und sieben Gäbelchen? Plötzlich hörte ich eine andere Stimme: „Määh, määh, wo ist mein Geißlein, hat es sich im Uhrenkasten versteckt?" Jetzt war ich ganz durcheinander. Schon wieder hörte ich eine Stimme: „Ich bin das tapfre Schneiderlein, bin gar so fein, bin gar so klein, bin wie ein König bald so reich, erwische Fünf auf einen Streich!" Es waren doch sieben Geißlein und es hieß doch „Sieben auf einen Streich", dachte ich verwundert. Auf einmal wurde mir klar: Die Stimmen kamen aus dem Päckchen! Rasch machte ich es auf und was glaubt ihr, was ich da fand? Mein Märchenbuch! Kuddelmuddel hatte sich in meine Wohnung geschlichen und es heimlich mitgenommen. So ein frecher Kobold!

„Hilfe", tönte es aus dem Buch heraus, „kann uns denn niemand helfen?" Sofort schlug ich es auf und entdeckte ein heilloses Durcheinander. Die Zwerge, die Geißlein und die Fliegen rannten kreuz und quer über die Buchseiten. „Das ist ja schrecklich!", rief ich. „Alles ist durcheinander, wer kann da nur helfen?" „Die richtige Zahl", flüsterte Schneewittchens Stimme. Aber wo konnte sie sein, die richtige Zahl? Voller Verzweiflung rief ich den Zauberspruch:

*Kuddelmuddel – welch ein Schreck –
zaubert mir die Zahlen weg!
Komm herbei, Vergissmeinnicht,
jage fort den Bösewicht!*

Auf einmal wurde es ganz hell, sodass ich die Augen schließen musste. Als ich sie wieder öffnete, stand Vergissmeinnicht vor mir. „Bitte, liebe Fee, hilf mir", flehte ich sie an, „Kuddelmuddel hat die Märchen durcheinander gebracht und Sieben ist auch verschwunden!" „Keine Sorge", lächelte die gute Fee. Mit einem Wink ihres Zauberstabs öffnete sie die Haustür und rief laut: „Guten Morgen, du Schlafmütze!" und löste sich – husch – in Luft auf.

„Wer weckt mich hier aus meinem Schlaf?", brummelte eine verschlafene Stimme. Sieben schlurfte in Morgenmantel und Pantoffeln aus ihrem Haus heraus. Als sie mich sah, schlug sie die Hände über dem Kopf zusammen. „Ist es denn schon sieben Uhr sieben?", rief sie. Ich nickte. „Tut mir Leid, ich habe unsere Verabredung total verschlafen", sagte sie verschämt. „Ich muss mich ebenfalls entschuldigen", entgegnete ich. „Kuddelmuddel hat mein Buch geklaut und jetzt stimmen die Märchen nicht mehr!"

Sieben sah die große Unordnung im Märchenbuch und rief: „Da hat der freche Kobold uns aber einen bösen Streich gespielt! Während ich schlief, hat er mich aus allen Märchen herausgezaubert!" Sie machte sich ganz dünn und schlüpfte ins Buch hinein. Den Zwergen brachte sie 7 Tellerchen, 7 Bettchen und 7 Gäbelchen. Sie fand alle 7 Geißlein und fing die 7 Fliegen vom tapferen Schneiderlein. So brachte sie die Märchen wieder in Ordnung. Sieben versprach, sich in Zukunft einen Wecker zu stellen und nicht mehr zu verschlafen. Den Rest des Tages verbrachten wir im Garten und aßen sieben Stück Zwergenkuchen, die uns Schneewittchen geschenkt hat.

Im Siebener-Land

Einrichten der Zahlengärten

Der siebte Termin steht unter dem Motto: Wer oder was darf alles ins Siebener-Land? Eine Seite aus dem Wochenkalender (7 Tage), ein Bild von einem Marienkäfer (die meisten Marienkäfer haben sieben Punkte), ein Siebenstern (ein Primelgewächs), ein Siebenschläfer (eine Schlafmaus).

Übungen auf dem Zahlenweg

Der Zahlenweg wird ganz regelmäßig ausgebreitet und das vielleicht sogar über die 10 hinaus bis 15 oder sogar bis 20. Nun werden beliebige Ziffern umgedreht (am besten so viele, wie Kinder teilnehmen). Jedes Kind muss nun eine herumgedrehte Zahl erraten. Die beste Strategie hierzu ist das Begehen des Weges und das laute oder leise Zählen. Diese Aufgabe ist ab diesem Zeitpunkt in der Regel für alle Kinder lösbar und bereitet ihnen sehr viel Freude.

Abzählreime zur Zahl Sieben

Eins, zwei, drei, vier, fünf, sechs, sieben,
wo ist nur mein Freund geblieben?
Ist nicht hier, ist nicht da,
ist wohl in Amerika.

Eins, zwei, drei, vier, fünf, sechs, sieben,
eine alte Frau kocht Rüben,
eine alte Frau kocht Speck
und du musst weg!

Und es geht auch rückwärts

Sieben, sechs, fünf, vier, drei, zwei, eins,
so geht das Hexeneinmaleins.
Kinder tragen Blumenkränze,
Hexen tragen Rattenschwänze,
Hexenhaus hat gute Sachen
und du musst die Hexe machen.

Welche Zahl liegt unten?

Die Kinder setzen sich in einen Stuhlkreis und jedes Kind darf der Reihe nach würfeln. Nun sagt das Kind, welche Augenzahl es gewürfelt hat. Diese Augenzahl liegt natürlich „oben" und die Antwort fällt leicht. Wer weiß aber, welche Augenzahl unten liegt?
Sicher können die Kinder diese Frage nicht beim ersten Spielen beantworten, sie staunen aber sehr, wenn ein Erwachsener die Antwort immer weiß. (Eine kleine Hilfe: Die Summe aus gegenüberliegenden Augenzahlen ergibt stets 7.) Sind sie einmal hinter das „Geheimnis" gekommen, so haben sie größte Freude daran, das Ergebnis selbst auszurechnen und dann zu überprüfen.

Variante: Die Kinder sitzen nicht im Stuhlkreis, sondern in einer Reihe. Auf diese Weise sehen alle den Würfel aus der gleichen Perspektive. Nun wird nicht nur gefragt, welche Augenzahl oben und unten liegt, sondern auch, welche Augenzahl sich vorne und hinten bzw. rechts und links befindet.

Wochenspiel

Zwei Gruppen von je sieben Kindern bekommen Schilder umgehängt, auf denen die Wochentage stehen. Ihre Aufgabe besteht darin, sich ohne Hilfe in der Reihenfolge der Wochentage aufzustellen. Man kann ihnen stattdessen auch einen Wochentag ins Ohr flüstern und die Kinder müssen flüsternd die richtige Reihenfolge finden. Welche Gruppe hat sich als Erste richtig aufgestellt?

Blinder Frosch fängt Mücken

Als Erstes wird durch einen Abzählreim zur Zahl Sieben bestimmt, wer der Fänger bzw. der blinde Frosch sein darf. Der Fänger muss sich mit einer Binde die Augen verbinden lassen. Er muss seine Mitspieler (Mücken) mit beiden Beinen hüpfend fangen. Diese müssen sich auch hüpfend fortbewegen (so hört sie der Fänger). Im Gegensatz zum Fänger haben die Mitspieler jedoch nur sieben Sprünge frei und müssen, wenn aller Sprünge verbraucht sind, im Raum stehen bleiben. Dann ist es für den blinden Frosch ein Leichtes, die Mücken zu fangen. Hat er eine Mücke gefangen, werden die Rollen getauscht.

Fang den Hut

Vor Beginn des Spieles geben sich alle teilnehmenden Kinder Zahlennamen (vielleicht bis Sieben oder darüber hinaus), wobei jede Zahl zweimal vorkommen sollte. (Eine Gruppengröße von 14 Kindern ist für dieses Spiel ideal.) Die Kinder tragen ihre Zahlennamen am besten auf Stirnbändern oder Umhängschildern. Als Nächstes wird bestimmt, wer der erste Fänger sein darf, z. B. die Zahl Fünf. Diese bekommt einen Hut aufgesetzt und läuft durch den Raum. Auf einmal ruft sie: „Die Fünf hat den Hut verloren und die Zwei bekommt ihn." Nun muss ganz schnell eine der beiden Zweien den Hut holen und selbst aufsetzen. Nun läuft eine Zwei durch den Raum: „Zwei hat den Hut verloren und die... bekommt ihn."

Aktivitäten im Laufe der Woche

- Zahlenfrühstück: Diese Woche gibt es zum Beispiel für jedes Kind zum Zahlenfrühstück vier Nüsse und drei Radieschen.
- Im Zahlenbuch: ein Siebenerbild malen (z. B. einen Marienkäfer).
- Märchen erzählen und nachspielen: Die sieben Geißlein, Schneewittchen und die sieben Zwerge, Das tapfere Schneiderlein.
- Den Siebenschläfer (ein Nagetier) auf einem Bild zeigen.
- Die sieben Wochentage lernen.

ACHT- Auf dem Rummelplatz

Es war ein sonniger Tag im schönen Zahlenland. Die Zahl Acht trat vor ihr Häuschen, reckte die Arme in die Luft und sagte: „Sieben Tage habe ich nun gearbeitet. Heute will ich mich erholen und irgendetwas total Verrücktes tun!" Gleich packte sie ihre acht Sachen zusammen: einen Rucksack, einen Geldbeutel mit acht Euro darin, eine Trinkflasche, ein Vesper, einen Regenschirm, ein Taschentuch, ein Hustenbonbon und die Fahrkarte für den Bus. Dann machte sie sich auf den Weg. Sie plante einen Ausflug an einen Ort, an dem auch wir viel Spaß erleben können. Habt ihr eine Idee, was für ein Ort das war?

Sie wollte auf den Rummelplatz! Hui, was es da alles zu sehen gab! Zuerst erblickte Acht die Bude mit der Zuckerwatte, dann sah sie das Karussell und schließlich entdeckte sie einen Clown, der Luftballons verkaufte. Etwas weiter hinten hatte sich eine lange Menschenschlange vor einem riesengroßen Schaugeschäft angesammelt. Dort musste es etwas ganz Besonderes geben! Acht fragte den Clown: „Was ist das dort drüben denn für ein Stand?" Der Clown erkannte Acht sofort. „Oh hallo Acht, kennst du das nicht? Das ist die Hauptattraktion, die Achterbahn."

Acht war sehr erstaunt. „Wozu ist die denn gut?", wollte sie wissen.

„Du wirst es gleich merken", antwortete der Clown. „Setz dich in ein Wägelchen, dann fährst du schnell

wie der Blitz über die Schienen." Huiiii! – ging das los! Erst fuhr Acht eine Linkskurve, gleich darauf eine Rechtskurve. Dann raste sie wie verrückt auf und ab, kam kopfüber zurück und flitzte gleich wieder los. Nach acht Minuten war die Fahrt zu Ende. Acht versuchte auszusteigen, aber alles um sie herum drehte sich und sie wurde ganz weiß im Gesicht. Zum Glück kam der Clown ihr zu Hilfe und führte sie aus der Achterbahn heraus. „Ist mir aber komisch", flüsterte Acht. „Ein bisschen schwindelig wird es jedem", lachte der Clown.

Bald bekam Acht wieder Farbe ins Gesicht. „Das hat Spaß gemacht!", jubelte sie. „Dort drüben geht's weiter", sagte der Clown. „Komm mit, jetzt hauen wir den Lukas!" „Wie bitte?", fragte Acht entrüstet. „Ich soll jemanden verhauen? Nie im Leben! Erstens kenne ich keinen Lukas, zweitens hat mir kein Lukas etwas zu Leide getan, drittens ist es doof, jemanden zu verhauen, viertens habe ich keine Lust dazu, fünftens – wer ist denn dieser Lukas überhaupt?" „Sechstens", lachte der Clown, „ist es viel zu heiß, siebtens schenke ich dir einen Luftballon und achtens – komm doch mit, du wirst sehen, das macht Spaß!" „Na gut", stimmte Acht zu, „aber verhauen tu' ich keinen!"

„Kommen Sie näher, wer haut den Lukas?" Neugierig folgte Acht der lauten Stimme. „Hallo, wen haben wir denn da?", rief der Ausrufer, als er Acht und den Clown sah. „Einen Luftballonverkäufer und einen – nein, ein Mensch bist du nicht", sagte er, „aber was bist du dann? Zwei Ringe, einer oben und einer unten, und in der Mitte treffen sie sich. Von irgendwoher kenne ich dich. Dreh dich doch einmal um, damit ich dich besser anschauen kann!" Langsam wurde es Acht zu bunt. „Selbst wenn ich

mich auf den Kopf stelle, bin ich eine Acht!", sagte sie. „Nichts für ungut", lenkte der Ausrufer da ein, „zum Lukas geht's hier entlang. Bitte schön, die Herrschaften." Sie folgten dem Mann in ein Zelt. Dort stand ein Holzblock mit einer Latte, auf welche die Zahlen Eins bis Acht gemalt waren. Der Ausrufer reichte Acht einen schweren Hammer. „Feste draufklopfen!", sagte er und zeigte auf den Holzblock. „Das also ist Lukas", lachte Acht, hob den Hammer und ließ ihn mit voller Wucht auf den Holzblock sausen. „Peng!", machte es, und ein Fähnchen surrte auf der Messlatte bis zur Zahl Acht hinauf.

„Mein lieber Schwan", staunte der Ausrufer, „da hast du doch tatsächlich mit einem Schlag den Hauptgewinn ergattert!" Anerkennend schüttelte er Acht die Hand und überreichte ihr ein Glockenspiel mit acht Tönen.

„Vielen Dank", sagte Acht erfreut, ließ alle acht Töne nacheinander erklingen und meinte schließlich: „Jetzt muss ich aber gehen, es ist schon spät." Traurig verzog der Clown den Mund. „Ich komme ganz bestimmt wieder", versicherte ihm Acht. „Dann bringe ich alle meine Freunde aus dem Zahlenland mit!"

Da strahlte der Clown übers ganze Gesicht. „Die Achterbahn wartet auf dich", sagte er zum Abschied. „Der Lukas auch", ergänzte der Ausrufer. „Auf Wiedersehen!"

Voller Zufriedenheit machte sich Acht auf den Nachhauseweg und dachte bei sich: „Jetzt habe ich aber viel zu erzählen! Die anderen werden staunen!"

Im Achter-Land

Einrichten der Zahlengärten

Der achte Termin steht unter dem Motto: Wer oder was darf alles ins Achter-Land? Ein Würfel (acht Ecken), eine Achterbahn (liegende Acht) und alle Spinnen, denn sie haben acht Beine!

Übungen auf dem Zahlenweg

Es wurde bereits an vielen Stellen deutlich, dass der Zahlenweg ein hervorragendes Mittel ist, um einfache Rechenoperationen kinästhetisch, d. h. durch Bewegung zu erleben. Nach vorne gehen entspricht dem Addieren und zurückgehen dem Subtrahieren. Die Anweisung „plus 2" bedeutet zwei Schritte weiterzugehen und „minus 3" entsprechend drei Schritte in die andere Richtung rückwärts. Wir Erwachsenen sollten jedoch eher beiläufig die Begriffe „plus" und „minus" benutzen und zunächst konkret von Vorwärts- und Rückwärtsgehen sprechen. Wenn die Kinder Addieren und Subtrahieren mit Vorwärts- und Rückwärtsgehen verbunden haben, kann ein erstes Rechenspiel durchgeführt werden.

Alle Kinder stehen in der Schlange vor dem Zahlenweg. Das erste Kind würfelt mit einem großen Schaumstoffwürfel, hüpft dann auf die Zahl, die es gewürfelt hat und legt dort eine Murmel oder ein Steinchen ab. Nun kommt das nächste Kind: Es beginnt dort, wo das erste Kind sein Steinchen abgelegt hat und würfelt erneut. Ein Erwachsener (oder vielleicht sogar die Zahlenfee) steuert durch seine (ihre) Anweisungen (vorwärts oder plus, rückwärts oder minus) den jeweiligen Verlauf. Auf diese Weise purzelt das Spiel immer hin und her. Ziel könnte sein, eine vereinbarte Zahl zu treffen (zum Beispiel wieder an den Anfang zu kommen). Das Spiel macht den Kindern aber auch ohne konkretes Ziel Spaß.

Abzählreime zur Zahl Acht

Eins, zwei, drei, vier, fünf, sechs, sieben, acht,
Kasper hat so laut gelacht,

dass im Haus der Balken kracht.
Das Haus fällt ein
und du musst sein!

Beine hat jedes Tier,
große Tiere haben vier.
Käfer sechs, Spinnen acht,
wer's nicht weiß, wird ausgelacht.

Die Spinne geht um

Vier Kinder halten sich im Stil einer Polonäse an den Schultern, denn vier Kinder haben acht Beine so wie die Spinnen, und laufen kreuz und quer durch das Zahlenland. Dazu sagen sie im Rhythmus des Gehens den Spruch:

Eins, zwei, drei, vier, fünf, sechs, sieben, acht,
passt auf, jetzt wird euch Angst gemacht.

In dem Moment, in dem sie diesen Spruch zu Ende gesagt haben, lassen sich die „Spinnenkinder" los und versuchen, die anderen Kinder zu fangen, die natürlich zu fliehen versuchen. Abschlagen oder einfaches Berühren gilt dabei als gefangen. Die einzigen sicheren Plätze, die die Kinder vor den vier Fängern aufsuchen können, sind die Zahlengärten. Es gilt aber eine strenge Regel: Die Kinder sind dort vor der Spinne nur dann sicher, wenn die Anzahl der Kinder im Zahlengarten genau zur Zahl des Gartens passt, d. h. im Einser-Garten darf nur ein Kind sein, im Zweier-Garten zwei usw. Der Achtergarten darf jedoch nicht aufgesucht werden, da die Spinne dort ihr Netz gebaut hat. Die gefangenen Kinder werden deshalb von der Spinne auch in den Achtergarten gesperrt und müssen dort verharren, bis alle Kinder gefangen wurden. Wenn alle Kinder gefangen sind,

beginnt das Spiel von neuem, wobei nun andere Kinder das Spinnentier spielen dürfen.

Wasserglas-Musik

Acht Gläser werden mit Wasser gefüllt und auf eine Tonleiter, die ja aus acht Tönen besteht, gestimmt. Das ist gar nicht so schwer: Je weniger Wasser im Glas ist, umso tiefer wird der Ton. Dann werden sie am Rand befeuchtet und durch Reiben des Glasrandes zum Klingen gebracht. Die Gläser können auch vorsichtig mit einem kleinem Löffel zum Klingen gebracht werden, falls Reiben zu schwierig ist.

Spielmöglichkeiten:

- Jedes Kind darf mit einem Glas Töne produzieren.
- Die Dur-Tonleiter entsteht der Reihe nach aus den 8 Gläsern.
- Viele verschiedene Intervalle /Akkorde können musiziert werden.
- Die Zuhörer müssen herausfinden, wie viele Töne jeweils zusammen erklingen.
- Alle Zahlenlieder bis zur 8 können nachgespielt werden.

Aktivitäten im Laufe der Woche

- Zahlenfrühstück: Diese Woche gibt es zum Beispiel für jedes Kind zum Zahlenfrühstück vier Nüsse und vier Apfelschnitze.
- Im Zahlenbuch: eine Spinne oder eine Achterbahn malen.
- Verschiedene Spinnen mit dem Namen und unterscheiden lernen (Hausspinne, Kreuzspinne, Weberknecht …).
- Tauziehen: Zwei Mannschaften von jeweils vier Spielern spielen gegeneinander.

NEUN – Bruchlandung im Fehlerwald

Wisst ihr eigentlich, dass die Erde ein runder Planet ist, der sich um die Sonne dreht? Ein ganzes Jahr braucht sie dafür! Ihr könnt euch das vielleicht so vorstellen: Ein klitzekleines Bienchen fliegt um eine riesige Sonnenblume herum. Unsere Erde ist das Bienchen, die Sonnenblume ist die Sonne. Es gibt aber noch viele andere Insekten, die um die Sonnenblume herumschwirren: Schmetterlinge, Hummeln, Motten und fliegende Ameisen. In unserem Sonnensystem gibt es neun Planeten, die kreisen wie winzige Insekten um unsere Sonne herum. Einer davon ist unser blauer Planet Erde.

Als ich neulich wieder einmal im schönen Zahlenland war und die Zahlenpromenade entlangging, fiel auf einmal ein Schatten auf mich. Verdutzt sah ich zum Himmel hinauf. Ein schöner, bunter Fesselballon schwebte in neun Metern Höhe über meinem Kopf! Habt ihr denn schon einmal einen Fesselballon gesehen?

Der Fesselballon wurde von einem Netz aus Seilen gehalten, an dessen Ende ein Korb hing. Über den Korbrand gebeugt winkte mir jemand zu. „Hallo, du da unten! Könntest du bitte das Seil festhalten?", rief mir die Zahl Neun zu, denn sie war es, die dort oben in dem Korb unter dem Fesselballon saß. „Klar doch!", rief ich zurück und versuchte, das lange, dicke Seil zu fangen, das vom Korbrand herunterbaumelte. Aber gerade als ich nach ihm greifen wollte, schwebte es mir vor der Nase weg! Der Fesselballon wurde nämlich vom Wind ein kleines Stückchen davongetragen. So ging das neun Minuten lang: Immer wenn ich glaubte, das Seil packen zu können, entwischte es mir und ich musste ihm hinterherrennen.

„Ich schaffe es nicht!", rief ich atemlos. „Aber es muss dir gelingen", rief Neun zurück, „sonst mache ich eine Bruchlandung im Fehlerwald!" „Ich versuche, Hilfe zu holen!", keuchte ich und rannte zur Zahlenstadt. „Beeile dich!", rief mir Neun hinterher. Ich rannte auf den Marktplatz und rief: „Hallo, liebe Zahlen, kommt alle her, ich habe einen dringenden Notfall!"

Verwundert kamen die Zahlen aus ihren Häuschen. „Was was ist ist denn denn passiert passiert?", fragte Zwei erschrocken. „Wie können wir dir helfen?", wollte Acht wissen. Fünf meinte: „Für Notfälle bin ich zuständig. Komm doch gleich ins Rathaus und berichte." „Dafür ist leider keine Zeit", entgegnete ich hastig. Als sich Eins, Zwei, Drei, Vier, Fünf, Sechs, Sieben und Acht um mich herum versammelt hatten, erklärte ich, worum es ging. „Ihr müsst mir helfen", drängte ich, „sonst macht Neun eine Bruchlandung im Fehlerwald!"

„Ach du meine Güte!", rief Vier. „Neun ist von ihrer Weltumrundung zurückgekehrt und ohne uns kann sie nicht landen! Schnell, kommt alle mit!" Schon von weitem sahen wir, wie der Wind den Fesselballon auf die Bäume zutrieb. „Hilfe!", rief Neun verzweifelt. So schnell es ging, rannten wir hinter dem Seil her. Eins und Acht bekamen es zuerst zu fassen. Aber plötzlich hingen sie in der Luft und wurden davongetragen! Zwei und Sieben hängten sich an das Seil, aber auch ihnen gelang es nicht, den Ballon zu stoppen. Drei und Sechs stemmten sich mit voller Kraft gegen die Fahrtrichtung, wurden jedoch mitgeschleift. Schließlich gelang es Vier und Fünf, das Seilende zu erhaschen. Alle Zahlen zusammen waren endlich schwer genug, den Fesselballon zu halten. Mit vereinten

Kräften machten sie das Seil am ersten Baum des Fehlerwaldes fest, sodass Neun aussteigen konnte. „Puh, das war knapp", wischte sich Neun den Schweiß von der Stirn. „Das kann man wohl sagen!", rief Fünf. „Wo warst du denn so lange?", fragte Eins. „Ich bin um die ganze Welt geflogen", berichtete Neun. „Wie die neun Planeten, die unsere Sonne umkreisen, habe ich in neun Monaten die Erde umrundet." Die Zahlen sahen sich verständnislos an. „Was ist das – Planeten?", wollte Sieben wissen. „Das sind riesige Kugeln, die ein bisschen wie unsere Erde aussehen. Sie fliegen durchs Weltall und drehen sich um die Sonne, hast du das verstanden?" „Nicht ganz", gab Sieben zu.

„Lasst uns Planeten spielen", schlug Neun vor. „Dann seht ihr, was ich meine. Dazu müsst ihr euch im Kreis aufstellen. Du da", zeigte sie auf mich, „bist die Sonne. Komm in unsere Mitte." Folgsam stellte ich mich in der Mitte des Zahlenkreises auf. „Jetzt", lachte Neun, „tanzen wir um dich herum. Jeder von uns ist ein Planet." Hei, war das ein lustiger Planetentanz! Neun Zahlen tanzten um mich herum, bis es mir ganz schwindelig wurde! Danach wollte Neun uns gleich zu einer Ballonrundfahrt einladen, aber wir lehnten ab. Wer weiß, vielleicht hätten wir sonst doch noch eine Bruchlandung im Fehlerwald gemacht!

Im Neuner-Land

9 Einrichten der Zahlengärten

Wer oder was darf alles ins Neuner-Land? Ein Turm aus neun leeren Streichholzschachteln, ein gemaltes Neunerfeld (3 x 3 Felder), ein Bild eines „Neunauges" (ein schönes, fischähnliches Wirbeltier).

Abzählreime zur Zahl Neun

Ein, zwei, drei,
wir alle sind dabei,
vier, fünf, sechs,
die Birne ist ein Gewächs,
sieben, acht, neun,
du musst sein.

Wollt' ein Schmied ein Pferd beschlagen,
wie viel Nägel muss er haben?
Drei, sechs, neun,
hol den Wein!
Knecht, schenk ein!
Herr trink aus!
Und du bist draus!

Fesselballon-Weltreise

Alle Kinder fliegen gemeinsam mit dem Fesselballon um die Welt. Wir fassen uns an den Händen, bilden einen Kreis und – huiiii – fliegen wir über die schönsten Länder unserer Erde. Immer wieder machen wir Rast und besuchen nacheinander 9 Länder. Was erleben wir dort? Wie sehen die Menschen aus? Wie leben sie? Was essen sie? Was machen die Kinder dort und welche Spiele spielen sie? Alle überlegen gemeinsam und schauen Bücher oder Kalenderbilder an. Danach geht es wieder in die Lüfte und ganz zum Schluss landen wir im Neuner-Garten!

Alle Neune

Es gibt sehr viele verschiedene Kegelspiele, die alle das Ziel haben, möglichst viele der neun Kegel mit einem Wurf oder Schub umzuwerfen. Besitzt man keine Kegel, so kann man auch Flaschen aus Kunststoff benutzen, die man, wenn man im Freien spielt, auch mit Wasser oder Sand füllen kann. Gekegelt wird wie beim richtigen Sportkegeln mit neun Kegeln. Die Kegel werden am Ende der „Kegelbahn" in drei Dreiergruppen aufgestellt. Das Kind, welches die meisten Kegel umlegt, gewinnt.

Variante: Jedes Kind (max. neun Kinder) erhält einen speziellen Kegel, auf dem eine Zahl steht, welche es sich merken muss (z. B. mit Tesa-Krepp-Klebeband befestigt). Natürlich kann man auch den Namen darauf schreiben. Wenn ein Kegel umfällt, muss das Kind, dem er gehört, ihn gleich wieder aufstellen. Die Kinder, deren Kegel stehen bleiben, haben gewonnen.

Ziffernbilder erfühlen

Stellen Sie neun Fühlkärtchen aus Karton und Schmirgelpapier für die Ziffern von 1 bis 9 her.

(Die 10 eignet sich nicht, da sie mit zwei Ziffern geschrieben wird.) Die Kinder sitzen im Kreis um einen Tisch herum, die Kärtchen liegen verdeckt darauf ausgebreitet. Jedes Kind kommt der Reihe nach dran, muss eine Augenbinde aufsetzen und zieht blind ein beliebiges Kärtchen. Es dreht das Kärtchen um, muss das Ziffernbild erfühlen und den Namen der Zahl laut sagen. Nachdem es das Kärtchen angeschaut hat, wird dieses wieder zurückgelegt und das nächste Kind kommt an die Reihe.

Himmel und Hölle

Viele bekannte Hüpfspiele aus früheren Zeiten sind leider in Vergessenheit geraten. Das bekannteste dürfte das Spiel „Himmel und Hölle" sein. Für dieses Spiel gibt es wahrscheinlich genauso viele Spielvariationen wie Namen: „Schnecken- oder Paradieshüpfen", „Reise zum Mond" oder „Hinkefuß". Dieses Spiel lässt sich auch auf unserem Zahlenweg spielen. Dazu werden die Fliesen entsprechend dem Spielplan ausgelegt.

Die Grundidee ist bei allen Variationen die gleiche: Die Felder werden der Reihe nach von der Erde (zum Beispiel die Position Null) bis zum Himmel (zum Bei-

spiel die Position Zehn) angesprungen, wobei keiner in der Hölle (zum Beispiel der Position Neun) landen darf. Es wird mit dem rechten Bein, mit dem linken oder mit beiden gesprungen. Eine besondere Erschwernis wird dadurch erzielt, dass es gilt, ein kleines Steinchen mit dem Fuß beim Landen eines Sprungs in das nächste Feld zu stoßen. Aber Vorsicht! Auch das Steinchen darf nicht auf das Höllefeld. Im Himmel angekommen, wird umgedreht. Auch zurück muss wieder die Hölle ausgespart werden. Wird unterwegs ein Fehler begangen, muss der Spieler aufhören. Bei der nächsten Runde darf er jedoch dort weitermachen, wo der Patzer passiert ist. Gewonnen hat, wer den ganzen Weg fehlerfrei zurückgelegt hat.

Aktivitäten im Laufe der Woche

- Zahlenfrühstück: Diese Woche gibt es zum Beispiel für jedes Kind zum Zahlenfrühstück fünf Apfelschnitze und vier Mandarinenschnitze.
- Im Zahlenbuch: ein Neunerbild malen (zum Beispiel 9 Kegel).
- Tiere mit der Zahl Neun im Wort kennen lernen: Neunaugen, Neuntöter (ein heimischer Vogel).
- Die neun Planeten unseres Sonnensystems kennen lernen.
- Den bekanntesten Teil der neunten Symphonie von Ludwig van Beethoven hören.

ZEHN - Im Treppenlabyrinth

Neulich spazierte ich die Zahlenpromenade entlang und zählte dabei meine Schritte. 1, 2, 3, 4, 5, 6, 7, 8, 9. Fast war ich am Ende der Zahlenstadt angelangt. Aber was war denn das? Vor mir erhob sich ein hoher, zehneckiger Turm. Wie eine Ritterburg sah er aus! Um ihn herum lag ein Wassergraben, über den eine schmale Zugbrücke führte. Wer wohnt wohl in dem Turm?
Ich wollte Zehn gleich einen Besuch abstatten. Vorsichtig hangelte ich mich über die Zugbrücke zum Tor und zog zehn Mal am Klingelzug. Ganz oben unterm Dach öffnete sich ein Fenster und Zehn streckte den Kopf heraus. „Wer ist da?", rief sie. „Ich bin's", rief ich nach oben, „...!" „Das ist aber schön, dass du mich besuchen kommst", rief Zehn zurück, „die anderen Zahlen haben mir schon von dir erzählt. Komm doch herauf, von hier oben hat man eine wunderbare Aussicht!" Wie durch Zauberhand öffnete sich das Tor.
Kaum war ich ins Innere des Turmes gelangt, fiel das eiserne Tor hinter mir zu. Als ich mich umdrehte, winkte mir Kuddelmuddel durch dicke Eisenstäbe hindurch zu. „Jetzt bist du gefangen!", kicherte er, „da kommst du nie wieder heraus!"
„Rede doch keinen Unsinn", gab ich zurück. Insgeheim war mir jedoch mulmig zumute. Was meinte er wohl damit, dass ich nie wieder herauskäme?
Eine steile Treppe führte nach oben. Ich kletterte hinauf und trat durch ein Tor auf zwei verschiedene Treppen zu.

Die eine führte nach links, die andere nach rechts. Welche sollte ich nehmen? Ich entschied mich für die linke Treppe und kam wieder durch ein Tor. Drei Treppen warteten dort auf mich! Ich wählte die mittlere und trat wieder durch ein Tor.

„Oje!", rief ich aus, denn ich war wieder ganz am Anfang des Treppenlabyrinths angekommen. Hinter mir hörte ich Kuddelmuddel kichern. „Ich sagte doch", grinste er frech, „nie wieder kommst du da heraus!"

Wisst ihr denn überhaupt, was ein Labyrinth ist? Ein Labyrinth ist eine riesengroße Anzahl von Wegen. Diese Wege führen kreuz und quer von einem Ort zum nächsten. Manche hören einfach mittendrin auf, andere führen immer nur im Kreis herum und meistens gibt es nur einen einzigen Weg, der aus dem Labyrinth wieder hinausführt. In solch einem Labyrinth war ich gefangen. Es blieb mir also nur der Weg nach oben. Was glaubt ihr, was ich da gemacht habe? Ich sagte den Zauberspruch auf.

Kuddelmuddel – welch ein Schreck –
zaubert mir die Zahlen weg!
Komm herbei, Vergissmeinnicht,
jage fort den Bösewicht!

Vergissmeinnicht erschien sofort.
„Liebe Fee", sagte ich, „Kuddelmuddel hat mich eingesperrt." Vergissmeinnicht gab mir ein rotes Fadenknäuel. „Was soll ich denn damit?", fragte ich. „Dir wird schon etwas einfallen", lächelte sie und verschwand – husch! –, wie sie gekommen war.

Da stand ich nun mit dem Fadenknäuel in der Hand und dachte nach. Nach zehn Minuten kam mir die rettende Idee: Ich musste einfach nur zählen! Von der ersten Treppe war ich auf zwei Treppen gestoßen. Eine davon hatte mich zu drei Treppen geführt. Ich musste immer die Treppe aussuchen, die mich eine Zahl weiter führen würde. Damit ich nicht

durcheinander geriet, hatte mir Vergissmeinnicht den roten Faden gegeben. Den band ich an der untersten Treppe fest und konnte mich nun nicht mehr verirren. So kletterte ich immer weiter hinauf. „Da bist du ja!", rief Zehn erfreut, als ich endlich oben war. „Puh", sagte ich atemlos, „bei so vielen Treppen kommt man ja völlig durcheinander!" „Trotzdem hast du es geschafft!", lobte Zehn. Ich trat in ein zehneckiges Zimmer mit einem großen Balkon rundherum. Von dort aus hatte man eine fantastische Aussicht über das Zahlenland. Ich sah das Meer der Unendlichkeit, die Zahlenpromenade, die Wüste der Vergesslichkeit, den Fehlerwald und die Zahlenstadt.

Als ich auf meine Uhr blickte, war es schon zehn Minuten vor Zehn. „Jetzt muss ich aber nach Hause!", rief ich und rannte in Windeseile die vielen Treppen hinunter. Mithilfe des roten Fadens verirrte ich mich kein einziges Mal und gelangte glücklich wieder nach draußen. Dort stand Kuddelmuddel immer noch herum. Als er mich sah, machte er ein enttäuschtes Gesicht. „Siehst du", sagte ich, „jetzt habe ich es doch geschafft." Verdrossen streckte er mir die Zunge heraus, schwang sich auf sein Fahrrad und radelte in den Fehlerwald davon. „Auf Wiedersehen!", winkte Zehn mir vom zehnten Stockwerk aus zu. „Auf Wiedersehen!", winkte ich zurück. Dann ging ich rasch nach Hause.

Das war meine letzte Geschichte vom schönen Zahlenland. Jetzt ist es an euch, die Zahlen selbst zu besuchen. Ich bin sicher, ihr werdet viele spannende Abenteuer mit ihnen erleben! Vielleicht könnt ihr mir ja irgendwann einmal davon berichten.

Im Zehner-Land

Einrichten der Zahlengärten

Wer oder was darf alles ins Zehner-Land? Ein zehnstöckiger Turm aus Streichholzschachteln oder Lego-Steinen, ein Eierkarton für 10 Eier und natürlich auch ein Paar Handschuhe mit zehn Fingern.

Der Schatz des Zahlenlands

Im Zahlenland wird seit Zahlen-Gedenken ein wertvoller Goldschatz aufbewahrt. Die Zahlenfee Vergissmeinnicht hat ihn in einer gut geschützten Schatzkammer versteckt. Immer wieder versucht jedoch der freche Zahlenkobold Kuddelmuddel, in den Besitz dieses Schatzes zu gelangen, doch meist kann dies zum Glück dank der Zauberkraft von Vergissmeinnicht verhindert werden. Dieses Mal ist es Kuddelmuddel nun doch gelungen, den Schatz zu stibitzen. Alle Bewohner des Zahlenlandes sind ganz aufgeregt, denn dieser freche Diebstahl bedeutet einen großen Verlust für das ganze Zahlenland. Auf der Flucht vor Vergissmeinnicht hat Kuddelmuddel den Goldschatz jedoch verloren. Zum Glück hast du zusammen mit deinem Freund den Goldschatz gefunden. Anders als Kuddelmuddel streitet und prügelt ihr euch nicht um den Schatz, sondern beschließt, einen fairen Zahlenwettkampf auszutragen. Der Gewinner erhält den Schatz und darf ihn in die Schatzkammer zurückbringen. Danach kehrt wieder Ruhe im Zahlenland ein.

Spielregeln:

Zu Beginn des Spieles wird die Eingangsgeschichte vorgelesen. Danach wird der Schatz des Zahlenlands (z. B. eine Schatztruhe, eine Perle, ein schöner Stein etc.) auf die Startposition gelegt. Als Nächstes wird ausgelost, wer beginnt. Jeder Spieler wählt einen Weg aus, in dessen Richtung er zieht. Nun wird abwechselnd gewürfelt und es werden jeweils so viele Felder gezogen, wie Augen gewürfelt wurden. Da jeder Spieler jedoch in seine Richtung zieht, „purzelt" der Schatz immer hin und her. Gewonnen hat, wer den Schatz zuerst zu sich auf die Position 10 oder darüber hinaus in Sicherheit gebracht hat. Das Spiel dauert je nach Glück bis zu 10 Minuten. Es gibt aber immer einen Gewinner.

Was lernen die Kinder?

Die Kinder müssen bei diesem Spiel noch keine Zahlen lesen können, da es nur darauf ankommt, die Zahlenbilder des Würfels zu erkennen und dann die entsprechenden Schritte abzuzählen. Die Kenntnis der geschriebenen Zahlen kann bei diesem Spiel ganz nebenbei erlernt werden.

Die Kinder lernen bei diesem Spiel vor allem die Anordnung der ersten zehn Zahlen. Auch einfache Rechenoperationen (Addition und Subtraktion bis 6) im Zahlenraum bis 10 werden spielerisch erlernt, ohne dass diese schon als solche benannt werden müssen. Mit wachsender Vertrautheit wird es den Kindern auch gelingen, das Vor- und Zurücksetzen kleinerer Schritte direkt durchzuführen, ohne dabei Schritt für Schritt abzuzählen.

Abzählreime zur Zahl Zehn

Eins, zwei, drei,
wer isst den Brei?

Vier, fünf, sechs, sieben,
das ist der Herr da drüben.
Acht, neun, zehn,
der soll mal lieber gehen.

Zehn hat Geburtstag

Die Eins schenkt der Zehn ein Kegelspiel
(1 + 9 Kegel).
Die Zwei schenkt der Zehn eine wunderschöne zahme Spinne (2 + 8 Beine).
Die Drei schenkt der Zehn einen Wochenkalender
(3 + 7 Tage).
Die Vier schenkt der Zehn einen Würfel
(4 + 6 Seiten).
Die Fünf schenkt der Zehn einen Seestern
(5 + 5 Arme des Seesterns).
Die Sechs schenkt der Zehn ein Spielzeugauto
(6 + 4 Räder).
Die Sieben schenkt der Zehn ein Dreirad
(7 + 3 Räder).
Die Acht schenkt der Zehn zwei Klangkugeln
(8 + 2 Kugeln).
Die Neun schenkt der Zehn einen Zauberstab
(9 + 1 Zauberstab).
Was könnten die Zahlen der Zehn sonst noch schenken?

Aktivitäten im Laufe der Woche

- Zahlenfrühstück: Diese Woche gibt es zum Beispiel für jedes Kind vier Nüsse, vier Mandarinenschnitze und zwei Apfelschnitze.
- Im Zahlenbuch: das ganze Zahlenland malen.
- Zehnfüßer (Krebstiere) in Tierbüchern zeigen.
- Sportarten des Zehnkampfs besprechen.

Gerhard Friedrich ist Realschullehrer für Mathematik und Technik und beschäftigt sich seit 1990 mit Hirnforschung und Neurodidaktik, zunächst im Rahmen seiner Diplomarbeit in Schulpädagogik 1991, später in seiner 1995 abgeschlossenen Promotion in Erziehungswissenschaften. Seit Februar 2003 leitet er ein Forschungsprojekt zur mathematischen Frühförderung in Kindergärten, das vom Ministerium für Kultus, Jugend und Sport Baden-Württemberg sowie der Robert-Bosch-Stiftung gefördert wird.

Die Mezzosopranistin **Viola de Galgóczy** arbeitet als Gesangs- und Klavierlehrerin am Clara-Schumann-Gymnasium in Lahr. Schon während ihres Diplom-, Aufbau- und Solistenstudiums an der Musikhochschule in Freiburg bei Frau Prof. Münz unterrichtete sie als Lehrbeauftragte für Gesang an der Pädagogischen Hochschule in Freiburg und an der Musikhochschule in Karlsruhe. Sie konzertiert in den Bereichen Lied und Oratorium, Neue Musik, Jazz und Rock. Außerdem hat sie sich als Komponistin und Texterin einen Namen gemacht.

Weitere Informationen

Umsetzungsideen zu den hier vorgestellten Projektelementen finden sich auch in: Andrea Bordihn, Gerhard Friedrich: So geht's – Spaß mit Zahlen und Mathematik im Kindergarten. Kindergarten heute, spot, Verlag Herder, Freiburg im Breisgau 2003

www.kuhbach.de

Materialien „Willys Zahlenwelt" erhältlich bei
Wehrfritz GmbH, August-Grosch-Straße 28–38, 96476 Bad Rodach
Telefon: 09564-929-0, Telefax: 09564-929-224, E-Mail: wehrfritz@wefi.de

ISBN (Buch incl. Liederheft und CD) 3-419-53033-1

Lektorat: Sabine Loeffel
Illustrationen: Eva Spanjardt
Fotos: Michael Bamberger

Umschlaggestaltung: Network!, München
Layout & Satz: Weiß – Grafik & Buchgestaltung, Freiburg
Druck: Graspo, Zlin 2004

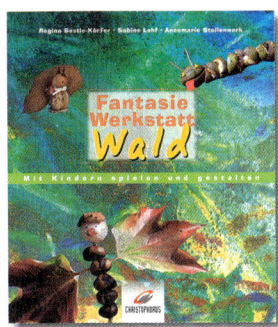
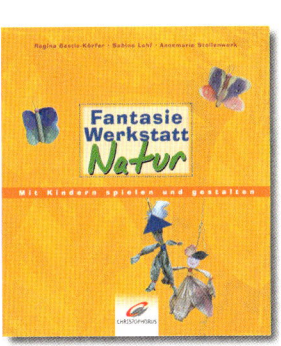

Die Zahlenpromenade

Ein bunter Liederreigen zum Erlernen der Zahlen von Eins bis Zehn

Kinder lernen spielend, und das am liebsten mit allen Sinnen: Sie betasten neue Gegenstände, untersuchen sie auf Farbe und Geschmack und betrachten und bestaunen sie von allen Seiten. Sie erlauschen fremde und bekannte Geräusche und ahmen sie nach. Sie setzen gehörte Musik in Klang und Bewegung um. Sie stellen alltägliche Erlebnisse im Spiel szenisch dar und verarbeiten sie dadurch. Kindliches Lernen ist immer ganzheitlich und spielerisch.

Die Zahlenpromenade führt spielerisch mithilfe von Musik zum Erlernen der Grundzahlen von Eins bis Zehn. In lustigen Gedichten kommen die einzelnen Zahlen selbst zu Wort. Sie werden als konkrete Personen dargestellt, was eine persönliche Bindung schafft und ihren Wiedererkennungswert erhöht. In den Liedtexten werden sie mit Dingen aus Natur und Umwelt in Verbindung gebracht. Spielerisch prägen sich unsere Grundzahlen dadurch zusammen mit Elementen aus anderen

Wissensgebieten auf vielen verschiedenen Lernebenen gleichzeitig ein.

Darüber hinaus bietet die Zahlenpromenade – immer bezogen auf mathematische Zusammenhänge – einen Einblick in die bunte Welt der Musik: Jede Zahl ist einem Ton unserer Dur-Tonleiter zugeordnet und mit einer eigenen Melodie versehen, selbst die Taktarten der einzelnen Strophen ordnen sich diesem System unter und werden zum abwechslungsreichen und einprägsamen Hörerlebnis. In der Musik wird grundsätzlich zwischen Zweier- und Dreier-Rhythmen unterschieden. Sie stellen die kleinsten rhythmischen Einheiten dar und können durch Bewegungs- und Klatschspiele erprobt werden. Durch Kombination dieser kleinsten Einheiten ergeben sich die Rhythmen der anderen Zahlen. Der immer wiederkehrende Refrain schafft Sicherheit und führt gleichzeitig zur nächsten Zahl. Musik und Bewegung in Kombination mit Spiel- und Lernelementen ergeben so unzählige Aufführungsmöglichkeiten. Dieser ganzheitliche Ansatz fördert die Kreativität im Umgang mit unserem Zahlensystem und erleichtert Kindern den Zugang zur Mathematik.

Aufbau

Die recht unterschiedlichen Lieder zu den einzelnen Zahlen sind in eine Rahmenhandlung (Refrain) eingebettet. Gemeinsam macht man sich auf, die Zahlen im Zahlenland zu besuchen. Schritt für Schritt geht es weiter bis zur letzten Zahl. Ein Abschluss-Refrain ermöglicht es jederzeit, die Welt der Zahlen wieder zu verlassen, sodass die einzelnen Lieder mit Anfangs- und Schlussrefrain z.B. Tag für Tag fortlaufend eingeübt und am Ende als Ganzes aufgeführt werden können. Manchen Kindern mögen – je nach Alter oder musikalischer Begabung – die unterschiedlichen Lieder unterschiedlich schwer fallen. Der Refrain bietet immer wieder die Möglichkeit, bekanntes und damit sicheres Terrain zu betreten und von dort aus neue Gebiete zu erkunden.

Stilrichtung

Musikpädagogische Forschungen haben ergeben, dass klassische Musik die kindliche Konzentration, Kreativität und Aufnahmefähigkeit erheblich steigern kann. Der musikalische Stil der Zahlenpromenade ist daher relativ klassisch gehalten. Instrumente wie Geige, Oboe, Harfe, Blockflöte und Klavier übernehmen die musikalischen Hauptaufgaben. Auch harmonisch klingen die einzelnen Lieder eher romantisch als modern. Instrumente aus dem Bereich der Pop- und Rockmusik wie Schlagzeug, Perkussion, Synthesizer und E-Bass geben der Komposition jedoch einen schwungvollen Beiklang.

Texte

Die kurz gereimten Gedichte verbinden Sinnvolles mit Lustigem und kommen notfalls auch ohne ihre Melodien aus. Angelehnt an weltweit verbreitete Kinderverse prägen sie sich rasch ein und können zu lustigen Spielen herangezogen werden. Allerdings schafft ihre musikalische Ausführung wesentlich tiefer greifende Verbindungen zum emotionalen, kreativen und logisch denkenden Wesen des Kindes, was den Lerneffekt erheblich verstärkt.

Singen mit Kindern

Immer mehr Gesangspädagogen bemängeln, dass im kindlichen Umfeld viel zu selten gesungen wird. Dabei stellt unsere Stimme neben Gestik und Mimik das direkteste Ausdrucksmittel unserer Gedanken und Gefühle dar und sollte daher von klein auf gefördert und trainiert werden. Singen befreit uns von Spannungen, setzt unterdrückte Gefühle frei, schafft Selbstbewusstsein, verschafft uns Gehör, stärkt unser Atemsystem, hilft uns unseren Körper zu erspüren und fördert das Gemeinschaftsgefühl der Musizierenden. Oft entstehen Diskussionen um die Tonlage, in welcher mit Kindern gesungen werden sollte. Manche Kinder erreichen extrem tiefe oder hohe Töne, quietschen oder brummeln herum und haben eine Menge Spaß dabei, die Grenzen ihrer Stimmbänder auszuloten. Meiner Erfahrung nach erstreckt sich die bequemste und daher „gesündeste" Lage für fast alle Kinderstimmen von c' bis d". Wer den Kindern nicht bis in diese Höhe hinauf folgen kann, sollte auf ein begleitendes Instrument ausweichen, anstatt alle Lieder tiefer zu singen und dadurch die jungen Stimmen womöglich zu überlasten.

Einen Punkt möchte ich noch erwähnen: die Lautstärke. Manche Kinder haben ihre Freude daran, richtig laut zu singen und die Töne aus sich herauszuschmettern, andere hingegen halten sich eher zurück, singen zart und kaum verständlich. Gesund wäre ein goldenes Mittelmaß: nicht zu laut, nicht zu leise. Auf jeden Fall sollte man von einer jungen Stimme nicht zu viel Klang erwarten. Wichtig ist, dass das Kind mit Freude singt, dass es den Mut aufbringt und sogar Spaß daran findet, seine Stimme zu erheben und andere Menschen an seiner Musik teilhaben zu lassen.

> Die Stimme ist ein sehr sensibles Instrument. Daher lautet die wichtigste aller Sängerregeln: Bei Halzschmerzen und Heiserkeit nicht singen!!!

Refrain

T/K: Viola de Galgóczy

1. Kin - der, nehmt euch an die Hand, wir wan - dern froh durchs Zah - len - land, im - mer wei - ter Schritt für Schritt, jetzt geht's zur ..., kommt al - le mit!

2. Kin - der, kommt, wir geh'n nach Haus', die Zah - len ru - hen sich jetzt aus, winkt zum Ab - schied mit der Hand den Zah - len im schö - nen Zah - len - land!

1. Strophe:

Hier findet die musikalische Einstimmung auf einen Spaziergang im Zahlenland und auf die nächste Zahl statt. Alle Kinder nehmen sich an der Hand und gehen/tanzen/hüpfen im Kreis herum oder bilden eine lange Schlange, die sich zum kommenden Zahlenhäuschen hin bewegt.

2. Strophe (Schlussrefrain):

Der Schlussrefrain führt aus dem märchenhaften Zahlenland in die singende und musizierende Runde zurück. Winkend verabschieden sich die Kinder von den jeweiligen Zahlen, führen einen wilden Zahlen-Hüpftanz auf oder schleichen ganz leise fort, um die lieben Zahlen, die gerade schlafen gegangen sind, nicht aufzuwecken.

Lied der Eins

T/K: Viola de Galgóczy

Musik:
¹/₁-Takt, ein Melodieton
Text: eine Nase, erstes Haus, einmal

Die Melodie dieses Liedes besteht bis auf eine kleine Schlussformel aus einem einzigen Ton. Bei erster Betrachtung erscheint dies nicht besonders spannend, jedoch bilden Rhythmus und Text eine von bunten Begleitharmonien umrahmte abwechslungsreiche Einheit, die sich wie ein roter Faden durch das Lied zieht.

6

Lied der Zwei

T/K: Viola de Galgóczy

Musik: 2/4-Takt, Dur- und Moll-Akkorde zur Begleitung, zwei Melodietöne
Text: Wortpaare wie Sonne und Mond/Hund und Katze/ Augenpaar und Fensterpaar

D   G   D⁷

Ich bin die Zwei im Zah - len - reich, sin - ge mit zwei Tö - nen dir ein

G   D   G

Lied so - gleich: Son - ne und Mond am Him - mel steh'n,

D⁷   G   d⁻⁷

zwei Äug-lein hab' ich, um sie zu seh'n, zwei hel - le Fens - ter

G   g⁻⁷   (G)   D

hat mein Haus, Hund und Kat - ze schau - en he - raus!

Diese Melodie besteht schon aus zwei Tönen, die sich wie im ersten Lied bis auf eine kleine Schlussformel rhythmisch am Text orientieren. Die Begleitung wechselt Blues-ähnlich von Dur nach Moll und
wieder zurück.

Lied der Drei

T/K: Viola de Galgóczy

Musik: ¾-Takt, die ersten drei Töne der Durtonleiter
Text: drei Schritte, drei Töne, zu dritt, dreimal anklopfen

Drei Schrit-te füh-ren dich zu mei-ner Tür, klopfst du drei-mal an, dann

öff-ne ich dir, sin-ge mit drei Tö-nen dir mein klei-nes Lied,

bringst du ei-nen Freund mit, sin-gen wir zu dritt!

Bei diesem Lied bietet es sich an, einen Drei-Schritte-Walzer zu tanzen, sich in Dreiergruppen im Kreis zu drehen oder auch auf jede Eins im Takt zu klatschen.

Lied der Vier

T/K: Viola de Galgóczy

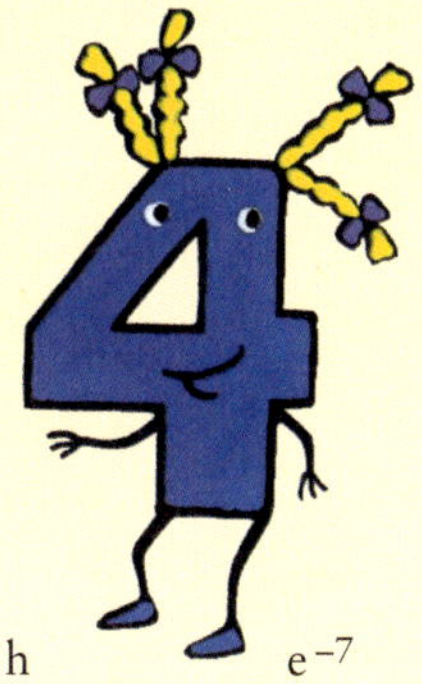

Musik: 4/4-Takt, vier Töne der Durtonleiter
Text: vier Jahreszeiten, vier Elemente, vier Ecken, vier Freunde

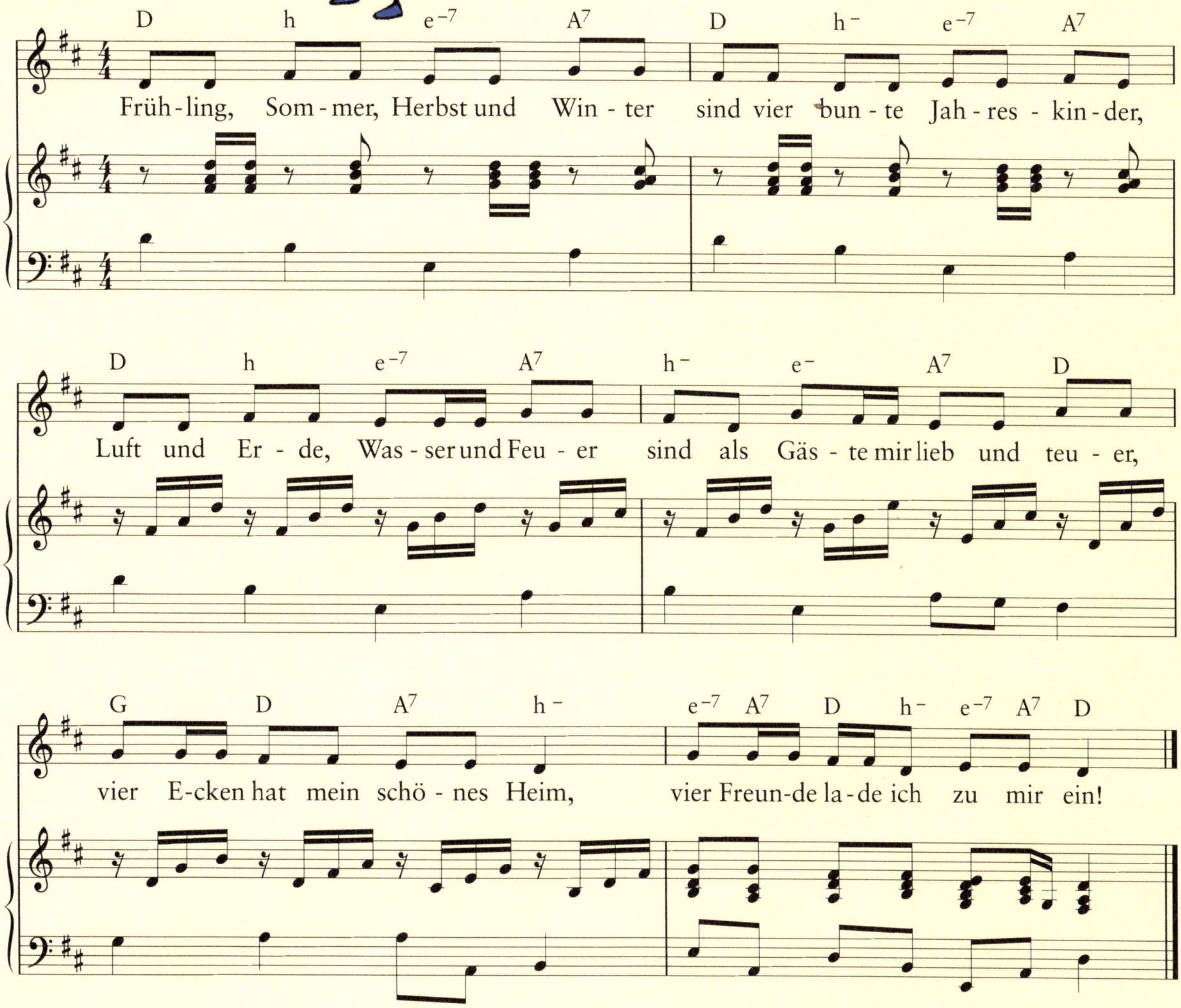

Früh-ling, Som-mer, Herbst und Win-ter sind vier bun-te Jah-res-kin-der,

Luft und Er-de, Was-ser und Feu-er sind als Gäs-te mir lieb und teu-er,

vier E-cken hat mein schö-nes Heim, vier Freun-de la-de ich zu mir ein!

Dieses Lied steht wegen seiner Reggae-Anklänge bei Kindern hoch im Kurs. Teilt man jedem Kind vor dem Singen eine Jahreszeit oder ein Element zu, kann man z.B. ein kleines Kreisel-Spiel daraus entwickeln: Wessen Eigenschaft im Text vorkommt, der muss sich im Kreis drehen, hüpfen, vom Stuhl aufstehen oder Ähnliches. Ein einzelner höherer Ton auf „teuer" ermöglicht eine größere harmonische Abwechslung. Welches Kind hat ihn gehört?

Lied der Fünf

T/K: Viola de Galgóczy

Musik: ⁵/₄-Takt, fünf Töne der Durtonleiter
Text: fünf Ecken, fünf Mäuslein, fünf Finger hat eine Hand
Mengenlehre: Fünf sind mehr als Drei

(2+3) Fünf E-cken hat mein Haus, schau-en fünf Mäus-lein he-raus,

fünf Fin-ger hat mei-ne Hand, schön ist's im Zah-len-land,

fünf sind mehr als drei, schon ist mein Lied vor-bei!

Keine Angst, es ist ganz einfach, diesen auf 2 + 3 Viertel angelegten Rhythmus zu erfassen, da die Wortschwerpunkte im Text danach ausgerichtet sind und auch die Basslinie der Begleitung diese Einteilung bis zum Schluss durchhält. In vielen Ländern, z. B. in Griechenland, gehören solche Rhythmen zum musikalischen Alltag und werden von Groß und Klein ganz unkompliziert in Lied und Tanz umgesetzt. Eine mögliche rhythmische Übung: die Töne im Bass mitklatschen oder mitstampfen.

Lied der Sechs

T/K: Viola de Galgóczy

Musik: %-Takt, sechs Töne der Durtonleiter
Text: sechs Schritte, sechs Töne, sechs Regenbogen-Farben

Sechs Schrit-te wer-den dich zu mir brin-gen, mit sechs Tö-nen will ich ein Lied-chen dir sin-gen, ü-ber mein Haus spannt sich am Him-mel dro-ben rot, o-range, gelb, grün, blau, vi-o-lett ein Re-gen-bo-gen!

Dieser verträumte kleine Walzer ist gar nicht so einfach zu sprechen. Daher empfiehlt es sich, vorher die Farben des Regenbogens zu behandeln, sie zu malen, sie einige Male schnell aufzusagen und dann zur Musik z. B. mit bunten Regenbogen-Bändern einen kleinen Reigen zu tanzen.

Lied der Sieben

T/K: Viola de Galgóczy

Musik: 7/4-Takt, sieben Töne der Durtonleiter
Text: sieben Schritte, sieben Glöckchen, sieben Blumen, sieben Tage sind eine Woche

Auch hier kommt bei den meisten zuerst ein wenig Angst auf: Oje, oje, was für ein schwieriger Takt! Stimmt nicht, er ist ganz bequem in 4+3 Viertel aufgeteilt, und die Text-Schwerpunkte liegen immer auf dem ersten und fünften Viertel (**1**-2-3-4-**5**-6-7). Die Melodie erreicht im dritten und vierten Takt die große Septime, d. h. den siebten Ton der Dur-Tonleiter. Diese beiden Takte sind auf der Aufnahme mit einem kleinen Glöckchen versehen, welches mittels einer Triangel nachgespielt werden kann.

Lied der Acht

T/K: Viola de Galgóczy

Musik: 8/8-Takt (entspricht einem 4/4-Takt), acht Töne der Durtonleiter
Text: die Zahlen von eins bis acht

1, 2, 3, 4, 5, 6, 7, 8, ei, das hast du fein ge-macht!

Komm' he-rein und setz' dich nie-der, Acht ist mein Na-me, er-kennst du mich wie-der?

Aus zwei Ring-lein bin ich ge-macht, stellst du mich auf den Kopf, bin ich trotz-dem 'ne Acht!

Dieses lustige Lied stellt die Durtonleiter als Ganzes vor und endet mit einem gewagten Oktav-Sprung. Hat man alle acht Zahlen und Töne geschafft, wird man zuerst einmal gelobt. Dann folgt der lustige Teil: Die Acht lässt sich ja tatsächlich mit zwei Kringeln malen. Und wenn man sie auf den Kopf stellt? Da schau her! Alle malen eine Acht auf ein Blatt Papier und drehen es herum. Oben ist wie unten. Dies entspricht dem Sprung der Oktave: Der obere Ton klingt fast genauso wie der untere, nur dass er eine Tonleiter höher liegt!

Lied der Neun

T/K: Viola de Galgóczy

Musik: ⁹⁄₈-Takt, zur Durtonleiter kommen keine „neuen" Töne hinzu, die None (in D-Dur: e") liegt einen Ton über der Oktave und entspricht dem zweiten Ton der Dur-Tonleiter Text: neun Planeten, neun Kinder, neun Schritte, neunmal anklopfen

Neun Pla-ne-ten krei-sen um die la-chen-de Son-ne,

neun Kin-der dreh'n sich im Rei-gen und sin-gen mit Freud' und Won-ne.

Im schö-nen Zah-len-land sind es neun Schrit-te bis hin zu mir,

willst du mich heu-te be-su-chen, dann klop-fe neun-mal an die Tür'!

Der neunte Ton kommt wegen seiner Höhe in der bequem singbaren tiefen Lage (e') vor, und zwar auf die Schlüsselworte „Zahlenland" und „hin zu mir". Neun Achtel entsprechen drei Vierteln, dadurch erhält man einen sanften Walzer, der auch im Text angedeutet wird: Neun Kinder drehen sich im Reigen.

Lied der Zehn

T/K: Viola de Galgóczy

Musik:
¹⁰/₈-Takt, aufgeteilt in 2 x ⁵/₈-Takt, der zehnte Ton (in D-Dur: fis") erscheint als erster Ton der Melodie
Text: alle Zahlen werden nacheinander aufgezählt, zehn Schritte, zehn Töne

Eins, zwei drei, vier fünf, sechs, sie - ben, acht, neun, zehn

Schrit - te musst du zu mei - nem Häus - chen geh'n,

steil ist die Trep - pe und der Weg ist lang,

noch zehn Tö - ne, dann en - det mein Ge - sang!

Gleich am Anfang des letzten Liedes der Zahlenpromenade können die Kinder zeigen, dass sie die Grundzahlen nun beherrschen: Alle Zahlen werden der Reihe nach aufgesagt. Zur spielerischen Umsetzung kann man ähnlich wie beim Lied der Vier eine Reihe bilden und jedem Kind eine Zahl zuweisen.

Titelliste der CD
Gesamtspielzeit 36:17 min.

Version mit Kinderchor	Version mit Solostimme	Karaoke-Version
1 Refrain	22 Refrain	43 Refrain
2 Lied der Eins	23 Lied der Eins	44 Lied der Eins
3 Refrain	24 Refrain	45 Refrain
4 Lied der Zwei	25 Lied der Zwei	46 Lied der Zwei
5 Refrain	26 Refrain	47 Refrain
6 Lied der Drei	27 Lied der Drei	48 Lied der Drei
7 Refrain	28 Refrain	49 Refrain
8 Lied der Vier	29 Lied der Vier	50 Lied der Vier
9 Refrain	30 Refrain	51 Refrain
10 Lied der Fünf	31 Lied der Fünf	52 Lied der Fünf
11 Refrain	32 Refrain	53 Refrain
12 Lied der Sechs	33 Lied der Sechs	54 Lied der Sechs
13 Refrain	34 Refrain	55 Refrain
14 Lied der Sieben	35 Lied der Sieben	56 Lied der Sieben
15 Refrain	36 Refrain	57 Refrain
16 Lied der Acht	37 Lied der Acht	58 Lied der Acht
17 Refrain	38 Refrain	59 Refrain
18 Lied der Neun	39 Lied der Neun	60 Lied der Neun
19 Refrain	40 Refrain	61 Refrain
20 Lied der Zehn	41 Lied der Zehn	62 Lied der Zehn
21 Schlussrefrain	42 Schlussrefrain	63 Schlussrefrain

Idee und Konzeption: Gerhard Friedrich
Komposition und Texte: Viola de Galgóczy

Vokalensemble des Clara-Schumann-Gymnasiums in Lahr:
Nadja Kur, Sonja Weigel, Nele Eisenmann, Leonie Friedrich und Louisa Bornemann

Gertraude Steurer: Violine
Viola de Galgóczy: Gesang, Klavier, Synthesizer, Percussion
Raimund Göppert: E-Bass
Ulrich Steurer: Oboe, Englischhorn, Blockflöte, Schlagzeug, Percussion

Tontechnik und Aufnahmeleitung: Viola de Galgóczy, Ulrich Steurer
Abmischung: Christian Steurer (A&T sound)
Produktion: Gerhard Krämer (roundabout music), Gerhard Friedrich

© Christophorus im Verlag Herder, Freiburg im Breisgau 2004
www.christophorus-verlag.de

Alle Rechte vorbehalten – Printed in Czech Republic

ISBN (Buch incl. Liederheft und CD) 3-419-53033-1

Lektorat: Sabine Loeffel
Illustrationen: Eva Spanjardt
Fotos: Michael Bamberger: S. 2, Viola de Galgóczy: S. 16

Gesamtproduktion: Weiß – Grafik & Buchgestaltung, Freiburg
Notensatz: Nikolaus Veeser, Schallstadt
Druck: Graspo, Zlin 2004